3ds Max+VRay 室内效果图制作项目教程

主　编　杨金花
副主编　赵　肖　李寰宇

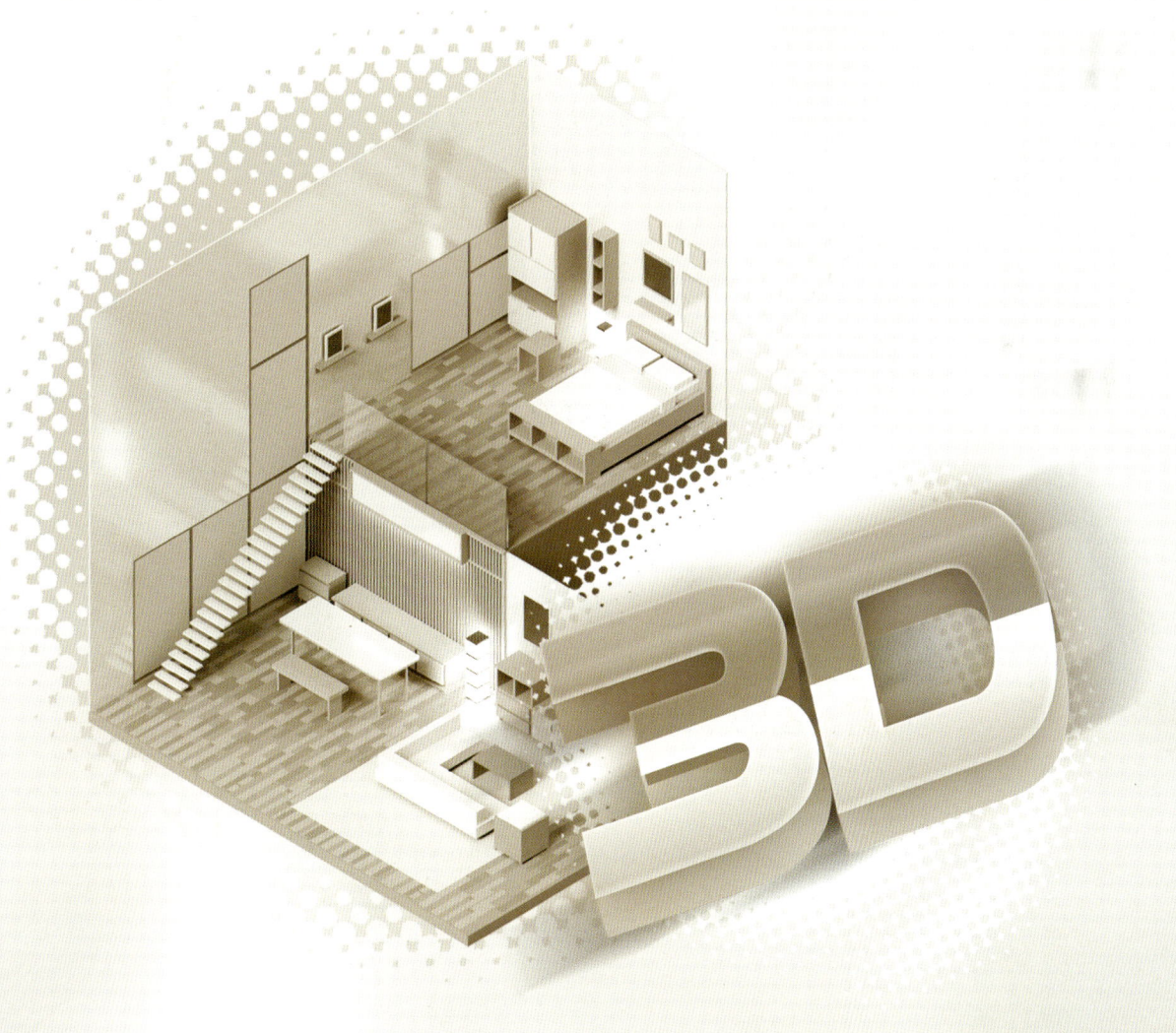

北京理工大学出版社
BEIJING INSTITUTE OF TECHNOLOGY PRESS

内 容 提 要

本书编写立足于相关文件要求，结合"1+X"证书制度，落实职业教育"五个对接"的基本要点。本书内容以模块化、项目化的形式呈现 以实际项目为驱动，选取典型工作任务作为本书技能学习的载体，突出职业内容的职业性，对接室内设计师助理、室内设计师等岗位需求。全书共分为4个模块9个项目：模块一包括3ds Max 基础操作，模块二包括几何体建模、二维线建模、修改命令建模、可编辑多边形建模，模块三包括制作自然光、制作人工光、室内常见材质，模块四包括现代客厅效果图项目设计。

本书适用于高等院校环境艺术设计专业、建筑装饰工程技术、建筑室内设计等相关专业。

版权专有　侵权必究

图书在版编目（CIP）数据

3ds Max+VRay室内效果图制作项目教程 / 杨金花主编. --北京：北京理工大学出版社，2024.7

ISBN 978-7-5763-3050-2

Ⅰ.①3… Ⅱ.①杨… Ⅲ.①室内装饰设计－计算机辅助设计－三维动画软件－高等学校－教材　Ⅳ.①TU238-39

中国国家版本馆CIP数据核字（2023）第207434号

责任编辑：多海鹏	文案编辑：多海鹏
责任校对：周瑞红	责任印制：王美丽

出版发行 / 北京理工大学出版社有限责任公司
社　　址 / 北京市丰台区四合庄路6号
邮　　编 / 100070
电　　话 /（010）68914026（教材售后服务热线）
　　　　　（010）68944437（课件资源服务热线）
网　　址 / http：//www.bitpress.com.cn
版 印 次 / 2024年7月第1版第1次印刷
印　　刷 / 河北鑫彩博图印刷有限公司
开　　本 / 889 mm×1194 mm　1/16
印　　张 / 8.5
字　　数 / 237千字
定　　价 / 89.00元

图书出现印装质量问题，请拨打售后服务热线，负责调换

前言 PREFACE

室内环境设计是通过改造美化人们居住、工作、休闲的空间环境，来提高人们的生活品质。党的二十大报告指出："鼓励共同奋斗创造美好生活，不断实现人民对美好生活的向往。"随着经济的发展，人们对生活空间的要求越来越高。在"健康、美丽、宜居"的背景下，我国社会需要室内设计领域的高质量高技能人才，即具有"以人为本、设计为民""低碳环保""传承文化"设计理念，善于运用新材料和新技术创新设计室内环境，具有较高审美能力，掌握职业岗位核心能力，具备正确的室内设计观的设计人才。

本书根据编者多年的教学经验，结合高等院校环境艺术设计专业的实际情况，采纳行业、企业专家的意见，根据目前室内装饰装修的发展现状和趋势以及行业、企业对人才的需求编写。

（1）注重课程思政育人，系统设计"课程思政"元素融入课程每个知识点和训练中；实践育人，以美育人，将爱岗敬业、低碳环保、健康理念、传承传统、善于创新、具有法律规范意识等育人因素，融入项目训练的过程；文化育人，通过拓展学习，提高学生艺术审美，融入传统文化与室内风格的内涵及特点。

（2）教材采用活页形式，适应环境艺术设计专业装饰材料、施工工艺、行业技术、审美趋势不断更新的特点。本书内容坚持与时俱进，随着行业发展持续更新。活页教材便于更新训练项目、新技术、新材料、新技术等。

（3）加强校企合作，了解行业的需求，与企业共建共享教材、在线课程等。培养能适应装饰装修行业发展、满足人民生活空间多元化需求特点的设计人才，以"工作过程"为主导，以居住空间室内设计项目为模块，突出工作任务，操作步骤详细。

（4）适应数字化时代的学习特点，以纸质教材+数字化立体教学资源呈现。学习者可以通过扫描二维码随时进行移动式、补充式学习。本书在内容上充分结合专业行业新发展，融入新的样式、造型、材料、设计理念，难度由易到难，循序渐进，数字资源包括微课、视频等。

本书由辽宁轻工职业学院杨金花担任主编，辽宁轻工职业学院赵肖、大连吉峰设计有限公司李寰宇担任副主编。杨金花负责微课录制、教材编写、资源整理等工作；赵肖负责素质提升、拓展学习、学习评价等资源整理及校稿工作；李寰宇提供真实设计案例，并负责客厅效果图制作视频录制等工作。

本书参考了国内外优秀的案例及作品，并引用了一些网络优秀视频资源、案例，以及其他视频教程，在此一并表示感谢。

由于编者水平有限，书中难免存在疏漏之处，敬请各位读者批评指正。

编　者

教学内容及课时安排　　素材资源包

目录 CONTENTS

模块一 效果图制作基础

项目一 3ds Max 基础操作 …… 002

任务一 认识界面 …… 003
任务二 视图操作 …… 008
任务三 物体选择 …… 010
任务四 变换对象 …… 012
任务五 捕捉及其他命令 …… 016

模块二 3ds Max建模

项目二 几何体建模 …… 020

任务一 几何体命令及参数 …… 021
任务二 现代储物柜制作 …… 023

项目三 二维线建模 …… 030

任务一 二维线命令及参数 …… 031
任务二 铁艺栏杆制作 …… 035

项目四 修改命令建模 …… 040

任务一 【修改】命令及参数 …… 041

任务二 中式花窗格制作 …… 043

项目五 可编辑多边形建模 …… 048

任务一 【可编辑多边形】命令及参数 …… 049
任务二 客厅模型制作 …… 053

模块三 VRay灯光与材质

项目六 制作自然光 …… 062

任务一 VRay 渲染器面板设置 …… 063
任务二 VRay 灯光类型与参数 …… 066
任务三 【VRayLight】制作天空光 …… 067
任务四 【VRaySun】制作太阳光 …… 069

项目七 制作人工光 …… 074

任务一 【光域网】文件的使用 …… 075
任务二 制作直型灯带 …… 075
任务三 制作筒灯 …… 078

项目八 室内常见材质 …… 082

任务一 VRayMtl 材质参数含义 …… 083

任务二　制作木地板⋯⋯⋯⋯⋯⋯⋯⋯086
任务三　制作金属材质⋯⋯⋯⋯⋯⋯⋯088
任务四　制作玻璃材质⋯⋯⋯⋯⋯⋯⋯090
任务五　制作陶瓷材质⋯⋯⋯⋯⋯⋯⋯093
任务六　制作布艺类材质⋯⋯⋯⋯⋯⋯094

模块四　客厅效果图制作

项目九　现代客厅效果图项目设计⋯⋯⋯100

任务一　案例解析⋯⋯⋯⋯⋯⋯⋯⋯⋯101

任务二　制作思路分析⋯⋯⋯⋯⋯⋯⋯102
任务三　客厅墙体、门窗模型制作⋯⋯⋯106
任务四　客厅吊顶、踢脚板模型制作⋯⋯111
任务五　客厅家具模型导入⋯⋯⋯⋯⋯116
任务六　客厅效果图灯光制作⋯⋯⋯⋯117
任务七　客厅效果图材质调整⋯⋯⋯⋯122
任务八　客厅效果图渲染⋯⋯⋯⋯⋯⋯127

参考文献⋯⋯⋯⋯⋯⋯⋯⋯⋯⋯⋯⋯⋯130

模块一
效果图制作基础

项目一 3ds Max 基础操作

PROJECT ONE

任务单

项　目	内　　容
任务描述	小刘第一次学习 3ds Max，看到前辈的软件界面与自己的不同，并能熟练地操作软件非常羡慕，自己也想尝试设置界面。请你在学习基础操作的基础上，设置界面，并帮小刘完成对单人沙发的一系列操作
任务要求	（1）使用快捷键灵活切换视图； （2）设置单位，给自己设置一个简洁的工作界面； （3）对单人沙发进行成组、移动、复制、旋转等操作
学习目标	1. 知识目标 （1）单位设置； （2）视图的操作方法与快捷键； （3）物体的选择方法与工具的使用； （4）移动、复制、旋转等的操作方法； （5）捕捉的使用方法与快捷键。 2. 能力目标 （1）能够熟练移动、复制、旋转对象； （2）能够熟练使用快捷键操作视图； （3）灵活使用不同的选择方式选择物体。 3. 素质目标 （1）培养学生严谨、精益求精的工匠精神，养成拒绝"差不多就行"的习惯； （2）养成良好的操作习惯，为以后的学习打好基础
辅助学习	超星在线学习课程、微视频、图片、优秀设计网站等

任务一　认识界面

3ds Max 是 Autodesk 公司出品的制作软件之一。该软件功能强大，主要功能有建模、材质、灯光、渲染等。该软件可以呈现逼真的三维空间立体效果，广泛应用于建筑表现、电影特效、游戏动画、电视广告、工业设计、教育等领域。它可以将设计方案具体化、可视化。三维虚拟空间的表现是技术与艺术的结合，掌握软件操作，还需具备艺术审美能力，如构图、光影、色彩、质感的表现。因此，作为设计者首先要掌握职业技能，同时不断提高自身的艺术修养。

一、认识界面

3ds Max 界面主要由标题栏、菜单栏、主工具栏、命令面板、视图区、状态栏和提示行、动画控制栏和轨迹栏、视图控制区 8 个部分组成。

■ 操作步骤

双击桌面上的图标，启动 3ds Max 2018 中文版，等待几秒就可以进入主页面，界面如图 1-1 所示。

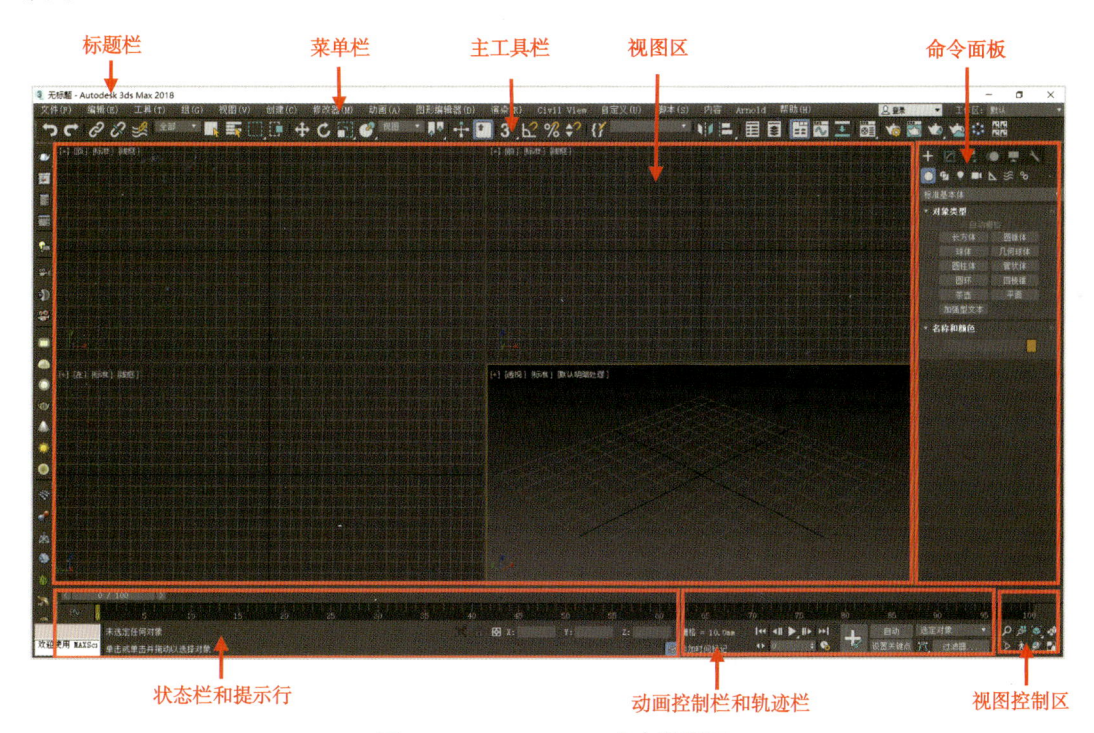

图 1-1　3ds Max 2018 中文版界面

（1）标题栏：最顶部一行，包含场景文件名及版本号的信息。最左边是 3ds Max 2018 的程序按钮，单击可打开图标菜单，双击可关闭当前应用程序。最右边分别是最小化、最大化和关闭按钮。

（2）菜单栏：涵盖了 3ds Max 全部的命令菜单，绝大多数命令都可以在命令面板里找到，所以大多数情况下使用命令面板里的按钮来操作。

（3）主工具栏：包含了 3ds Max 中最常用的工具，鼠标光标在按钮上停留会显示工具的名称。

（4）视图区：系统默认的视图区分为顶视图、前视图、左视图、透视图 4 个视图，是用户进行操作的主要区域。视图有不同的布局模式，通过单击视图区左上角的标签显示下拉菜单进行切换，也可以通过快捷键切换。

（5）命令面板：位于屏幕右方的区域，是 3ds Max 的核心区域，包含创建命令面板、修改命令面板、层级命令面板、运动命令面板、显示命令面板、工具命令面板 6 大部分，如图 1-2 所示。

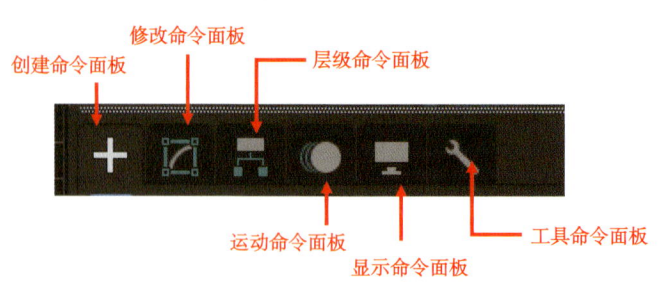

图 1-2　命令面板 6 大部分

（6）状态栏：状态栏显示选定对象的信息及光标位置，主要用于建模时对造型空间位置的提示及说明，并可以直接输入数值完成位移。

（7）动画控制栏和轨迹栏：记录动画、播放动画等功能。

（8）视图控制区：共 8 个按钮，主要用于调整视图显示的大小和方位，可以对视图进行缩放、局部放大、满屏显示、旋转及平移等显示状态的调整。

二、界面设置

1. 单位设置

启动 3ds Max 后先设置单位，将【系统单位】和【公制】都改成毫米。

■ 操作步骤

（1）执行菜单栏【自定义】→【单位设置】命令，弹出【单位设置】对话框。

（2）单击【系统单位设置】按钮，弹出【系统单位设置】对话框，将【单位】设置为毫米；在【公制】选项的下拉列表中选择【毫米】。

（3）单击【确定】按钮。操作步骤如图 1-3 所示。

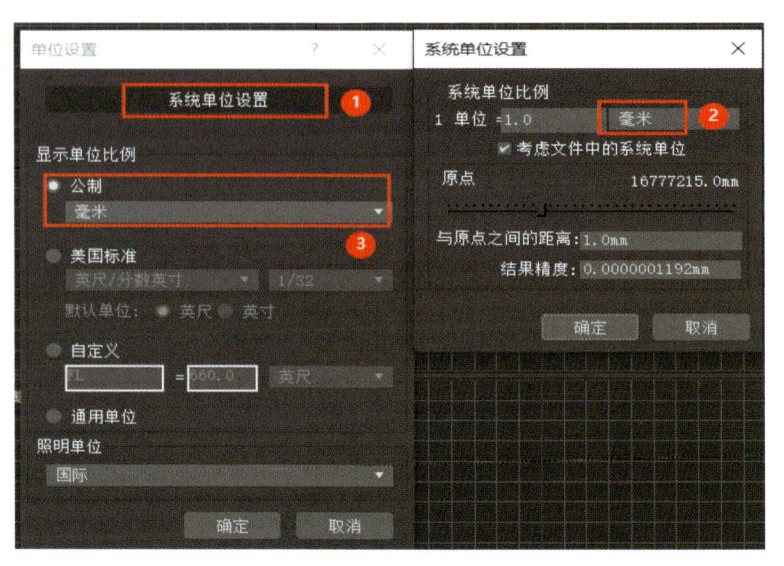

图 1-3　系统单位和显示单位比例公制中均选择毫米

2. 设置界面颜色

执行【自定义用户界面】→【颜色】选项卡→【元素】下拉列表→【视口】命令，可以更改视口背景的颜色、视口边框等的颜色。

■ 操作步骤

（1）执行菜单栏【自定义】→【自定义用户界面】命令。

（2）在弹出的【自定义用户界面】对话框中选择【颜色】选项卡，在【元素】下拉列表中选择【视口】，在下面的列表中选择【视口背景】，单击色块选择一个自己喜欢的颜色，如图1-4所示。

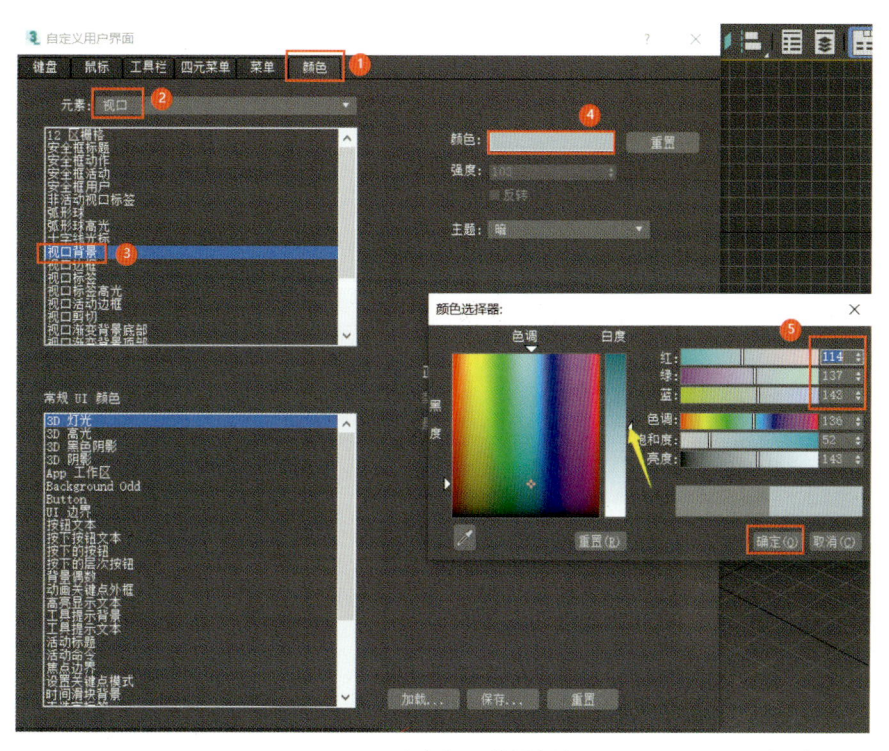

图1-4 改变视口背景颜色

（3）单击【确定】按钮，或者在【自定义用户界面】对话框中单击 立即应用颜色 按钮，视口背景颜色就变成我们设置的颜色了。完成设置效果如图1-5所示。

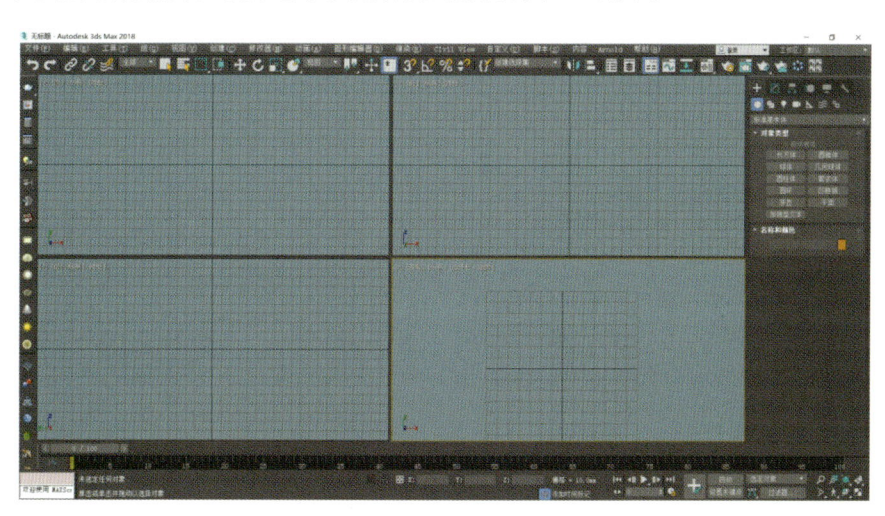

图1-5 应用视口背景颜色

3. 自定义工具栏按钮

执行菜单栏【自定义】→【用户自定义界面】命令，将常用的命令设置在工具栏上，以提高效率。

■ 操作步骤

（1）执行菜单栏【自定义】→【自定义用户界面】命令。

（2）在弹出的对话框中选择【工具栏】选项卡，在类别下拉列表中选择【Edit】→【阵列】，然后拖动到主工具栏上，此时工具栏上就有了【阵列】按钮，如图 1-6 所示。

图 1-6　将【阵列】按钮定义到工具栏上

☞ **技巧**：按【Alt】+【6】快捷键可以显示和隐藏主工具栏；也可以在菜单栏空白处单击鼠标右键，在快捷菜单中选择主工具栏，即可显示和隐藏主工具栏；拖动工具栏最左侧灰色线处，可以将其任意拖曳到其他地方。

4. 定义命令面板与调用

命令面板中有很多修改命令，工作中常用的修改命令只有几个，通过命令面板中的【配置修改器集】，设置一个符合自己习惯的命令面板，方便快捷，便于操作。

■ 操作步骤

（1）单击命令面板中【修改】按钮，再单击堆栈器下面的【配置修改器集】按钮，如图 1-7 所示。单击【显示】按钮，出现默认的常用命令面板。这时显示的命令是不常用的，需要设置成常用的命令。

（2）单击【配置修改器集】按钮，在弹出的菜单中选择【配置修改器集】选项，弹出【配置修改器集】对话框，在【修改器】下拉列表中选择常用命令，如【挤出】【倒角剖面】【锥化】等。然后按住该命令拖动到右侧的【修改器】下的按钮上，如图 1-8 所示。

（3）按钮的数量可以根据需要进行更改，完成设置后，单击【确定】按钮。

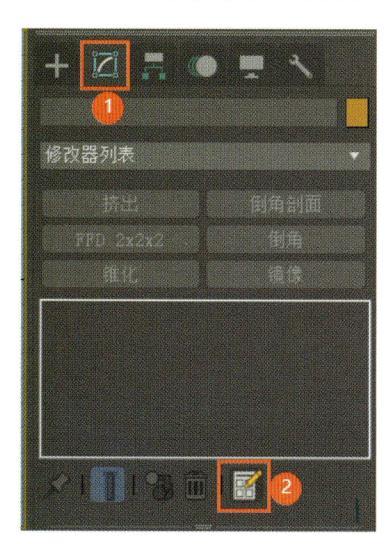

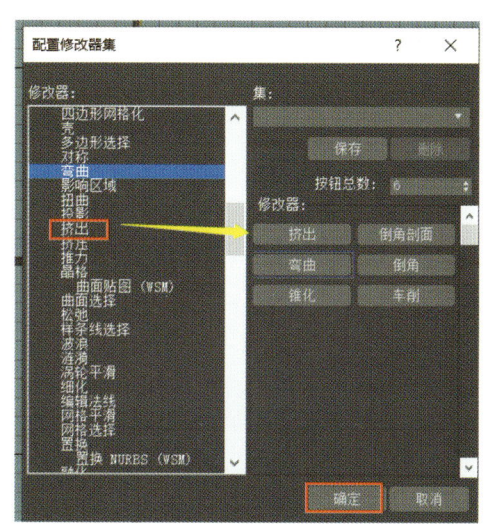

图 1-7　修改命令面板　　　　图 1-8　【设置修改器集】对话框

☞ **技巧**：每个操作者都有自己的使用习惯，都会设置一个自己常用的命令面板和用户界面。这些看起来不重要的工作其实可以提高工作效率，工作起来事半功倍。

三、文件管理

通过一个场景来练习【打开】和【保存】命令的使用。

■ 操作步骤

（1）执行菜单栏【文件】→【打开】命令（快捷键为【Ctrl】+【O】），弹出【打开文件】对话框，选择"素材资源"文件夹下的"项目一：素材沙发.max"文件，单击【打开】按钮，如图1-9所示。

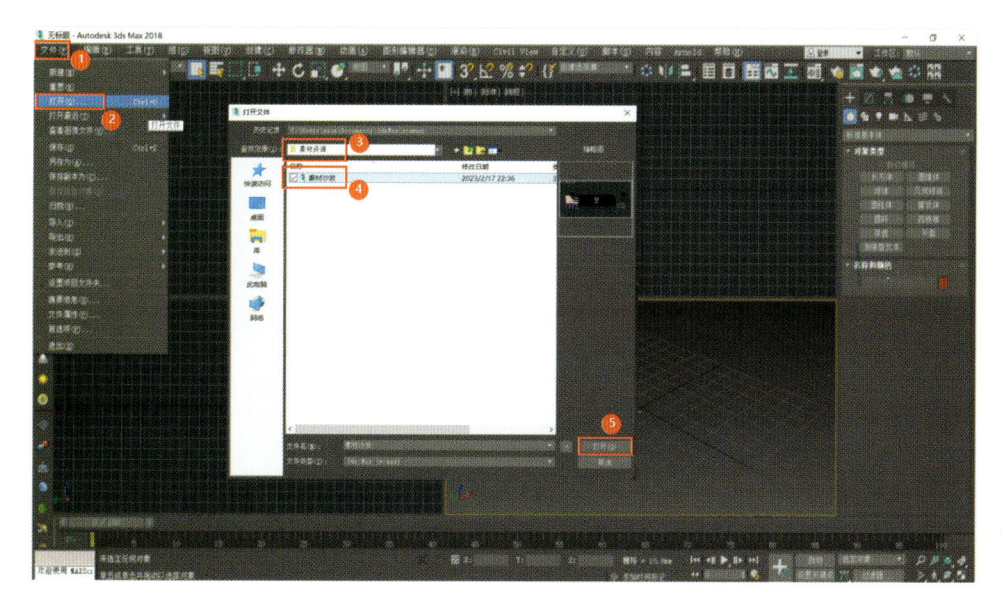

图 1-9　打开文件

（2）在透视图中，按【Alt】+ 鼠标左键，旋转透视图。

（3）保存，执行菜单栏【文件】→【保存】命令（快捷键为【Ctrl】+【S】），可以保存场景。系统只以 .max 为扩展名保存文件。

（4）执行菜单栏【文件】→【另存为】命令，在弹出的【另存为】对话框中将文件命名为【沙发-1】，单击【保存】按钮 保存(S)，即可保存文件。

☞ **技巧**：下面来了解文件管理中其他命令。Reset（重置）：清除全部数据，程序回到初始设置的状态，与重启系统相同。Import 导入 /Merge（合并）：导入家具模型；将两个场景整合在一起。Import（导入）：将 Auto CAD（.dwg）格式的文件导入。Export（导出）：效果图制作时通常导出为 3DS 格式。Archive（归档）：直接压缩文件存盘，包括材质等。

任务二　视图操作

视图的切换在工作中使用非常多，通过快捷菜单或快捷键切换视图能提高作图速度。

一、视图基本操作

1. 视图切换

■ 操作步骤

（1）单击前视图左上角标签，在下拉菜单中选择任意一个视图，如图 1-10 所示。

视图名称：每个视口的左上角有功能标签，单击标签，下拉菜单中有 8 个视图可供选择。其中常用的是顶视图（Top）、前视图（Front）、左视图（Left）、底视图（Bottom）、透视图（Perspective）和相机视图（Camera）。3ds Max 启动后默认只显示四个窗口。

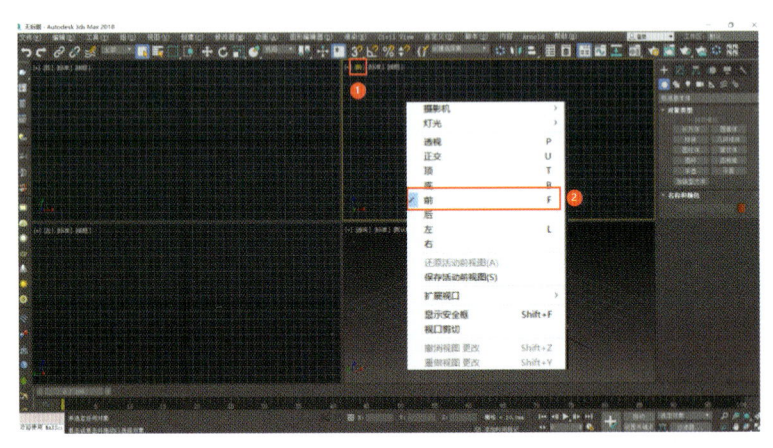

图 1-10　视图左上角的标签切换视图

（2）按快捷键【F】切换回前视图。切换视图使用快捷键更加快捷。快捷键包括【T】（顶视图）、【L】（左视图）、【F】（前视图）、【P】（透视图）、【B】（底视图）、【C】（相机）、【U】（用户视图没有近大远小的变化）。

注意：不能用【R】键进入右视图，因为【R】是缩放的快捷键。

（3）切换视图：鼠标左键单击其他视图，激活其他视图。当选择物体时，最好单击右键激活其他视图。

2. 栅格线

■ 操作步骤

执行菜单栏【工具】→【栅格和捕捉】命令，取消显示主栅格选项。每个视口都包含垂直和水平的栅格线，这些线是 3ds Max 的主栅格；也可使用快捷键【G】进行显示与隐藏。

二、视图布局

3ds Max 除了默认的 4 个视图外，还可以通过【视口配置】自定义视图布局。

■ 操作步骤

（1）在任意一个视图，单击视图左上角的 [+] 标签，单击鼠标左键，选择快捷菜单中的【配置视口】命令。

（2）在弹出的【视口配置】对话框中，单击【布局】选项卡，选择任意一个视图布局，然后单击【确定】按钮，如图 1-11 所示。

☞ **技巧**：视图布局可以通过移动鼠标光标手动拖动。手动拖动：鼠标光标移动到默认四个视图的中间处，拖动视图边框，可以随意改变视图大小。如要恢复默认视图布局，鼠标右键单击相邻视图边框，单击快捷菜单【重置布局】即可恢复默认视图布局。

图 1-11　【视口配置】对话框

三、视图控制

通过鼠标与快捷键的方式，可灵活旋转、平移、放大与缩小视图。

■ 操作步骤

（1）放大与缩小视图：鼠标光标移动到任意一个视图，鼠标滚轮向后滚动即缩小视图，鼠标滚轮向前滚动即放大视图。

（2）平移视图：按住鼠标滚轮移动鼠标。

（3）旋转视图：按【Alt】+鼠标滚轮操作。

（4）最大化当前窗口：操作中养成最大化视窗进行操作的习惯，以提高速度，方便观察和操作，快捷键为【Alt】+【W】。

（5）全部显示：不选择物体时，按【Z】键是最大化显示场景中的所有物体；选择物体时，按【Z】键是最大化显示选择的物体。

四、物体在视图中的显示模式

通过学习，可对场景中所创建的物体选择【线框】【明暗处理】【面】等不同的显示模式，便于操作。

■ 操作步骤

（1）将线框图转换为明暗处理模式：3ds Max 默认 4 个视图，顶视图、左视图、前视图为线框显示模式，透视图为明暗处理模式。在顶视图、左视图、前视图任意一个视图，鼠标左键单击左上角[线框]标签，在弹出的下拉菜单中选择【明暗处理】模式，通常直接按快捷键【F3】即可。

（2）按快捷键【F4】，可切换到【边面+明暗处理】模式。

（3）3ds Max 的命令有好多是双向命令，即再次按【F3】或【F4】键可以反复进行切换。

（4）显示统计信息：按快捷键【7】显示场景点数、面数等信息，如图 1-12 所示。场景中模型的边数和点数等越多，速度越慢；反之，速度越快。因此，建模中尽量选择最优化的建模方法。

图 1-12　物体的不同显示模式

任务三　物体选择

一、基本选择方式

■ 操作步骤

（1）点选：单击【选择并移动】按钮，单击鼠标左键，点选对象即可选择对象。

注意：【选择对象】工具只能选择而不能移动，【选择并移动】可选择并能移动对象（常用），如图 1-13 所示。

图 1-13　【选择对象】工具与【选择并移动对象】工具

（2）加选：【Ctrl】+单击鼠标左键。按住【Ctrl】键，鼠标单击其他对象。

（3）减选：【Alt】+单击鼠标左键。按住【Alt】键，鼠标单击其他对象。

（4）全选：【Ctrl】+【A】。选择场景中全部对象。
（5）反选：【Ctrl】+【I】。选择场景中所有没有被选择的对象。

二、区域选择

区域选择包含矩形选择区域、圆形选择区域、围栏选择区域、套索选择区域、绘制选择区域 5 种方式，如图 1-14 所示。

■ 操作步骤

（1）按住【区域选择】按钮不松开，出现多个选项菜单，如图 1-15 所示。

（2）单击【矩形选择区域】按钮，在顶视图拖曳鼠标光标，出现矩形框选范围，即可框选对象，如图 1-16 所示。

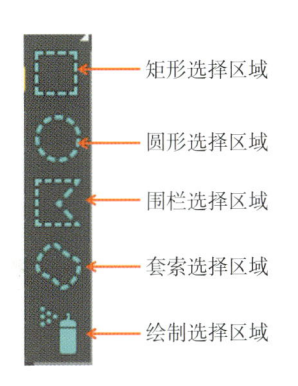

图 1-14　区域选择的 5 种模式

图 1-15　按住鼠标不松开显示下拉菜单

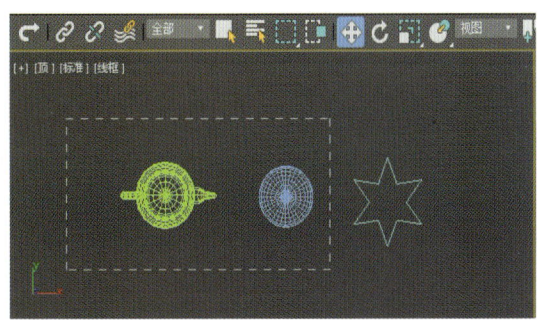

图 1-16　矩形区域选择的框选形状和方式

三、窗口与交叉的选择方式

（1）窗口选择方式：只有物体全部框选到选框里，才能被选中。按钮如图 1-17 所示。
（2）交叉选择方式：框选的选框，只要碰到物体的边缘或一部分，就能选中对象。

图 1-17　【窗口选择方式】与【交叉选择方式】按钮

四、选择过滤器

选择过滤器通过对类别的过滤，方便快速选择某一类型物体，如选择灯光，只能选择场景中的灯光。选择过滤器列表如图 1-18 所示。

图 1-18　选择过滤器列表

五、按名称选择

【按名称选择】快捷键是【H】，通过对象名称快速准确选择物体。【按名称选择】需要提前对物体命名，应养成对物体命名的好习惯。

■ 操作步骤

（1）单击【按名称选择】按钮，弹出【从场景选择】对话框。
（2）选择【茶壶】，然后单击【确定】按钮，即可选中场景中的茶壶，如图 1-19 所示。

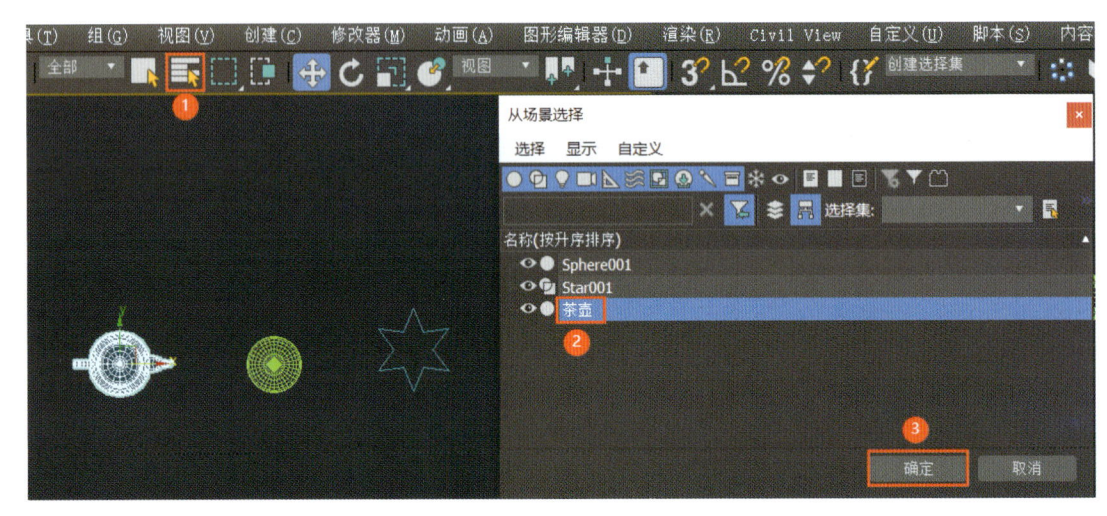

图 1-19　通过【按名称选择】选择物体

任务四　变换对象

移动、复制、旋转对象在工作中使用非常多。熟练掌握本知识点，可以提高作图速度，也是建立学习软件信心、养成好习惯的重要部分。

一、变换对象

变换对象包括移动、旋转、缩放，快捷键分别是【W】【E】【R】。

1. 移动变换（快捷键【W】）

■ 操作要点

（1）移动对象：移动时养成按 Gizmo 约束轴移动对象的习惯，X、Y、Z 轴快捷键分别是【F5】【F6】【F7】；鼠标光标经过哪个轴，哪个轴变为黄色，即锁定该轴，如图 1-20 所示。【+】或【-】号可以放大或缩小坐标轴。

（2）精确移动（快捷键【F12】）：鼠

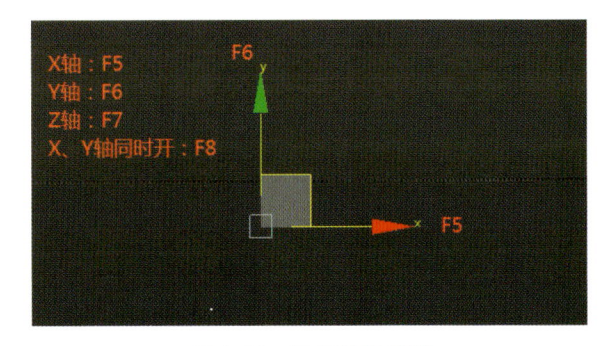

图 1-20　约束轴快捷键

标右键单击【选择并移动】按钮，弹出【移动变换输入】对话框，左侧是【绝对：世界】坐标，右侧是【偏移：屏幕】（相对世界坐标），如图 1-21 所示。

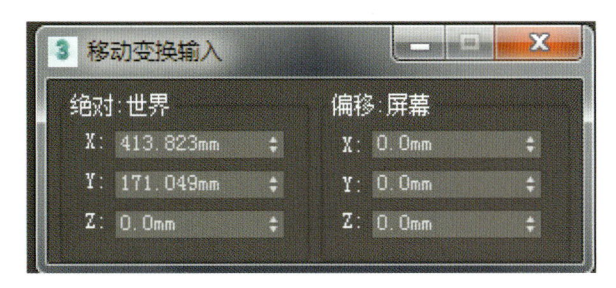

图 1-21　【移动变换输入】对话框

状态中绝对坐标值与相对坐标值的输入框，也可以输入位移的精确数值。默认状态是【绝对模式变换输入】，单击切换成【偏移模式变换输入】（注：偏移与相对是翻译的不同结果，两种名称都是对的）。状态栏中的两种模式变换输入框如图 1-22 所示。

图 1-22　状态栏中【绝对模式变换输入】和【偏移模式变换输入】框

2. 旋转变换（快捷键【E】）

■ 操作步骤

通常通过观察视图来判断旋转哪个轴，一般锁定某一个轴进行旋转，并结合角度捕捉进行旋转。

（1）单击主工具栏中的【旋转】按钮，开启旋转功能。

（2）单击主工具栏中的【角度捕捉】按钮，开启角度捕捉。在弹出的【栅格和捕捉设置】对话框中选择【选项】选项卡，在【角度】输入框输入【90】。这样将旋转捕捉设置为 90°，如图 1-23 所示。

（3）在前视图选择【茶壶】，沿着 X 轴按住鼠标左键并移动，【茶壶】自动旋转 90°，如图 1-24 所示。

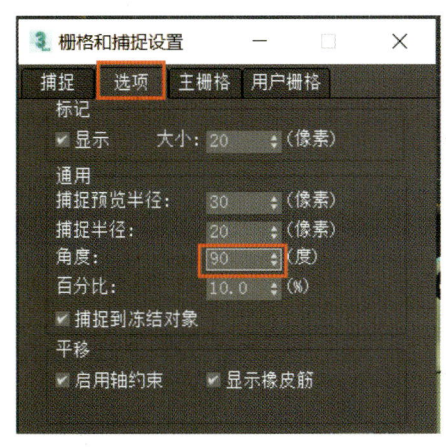

图 1-23　【栅格和捕捉设置】对话框　　　图 1-24　利用捕捉旋转 90°

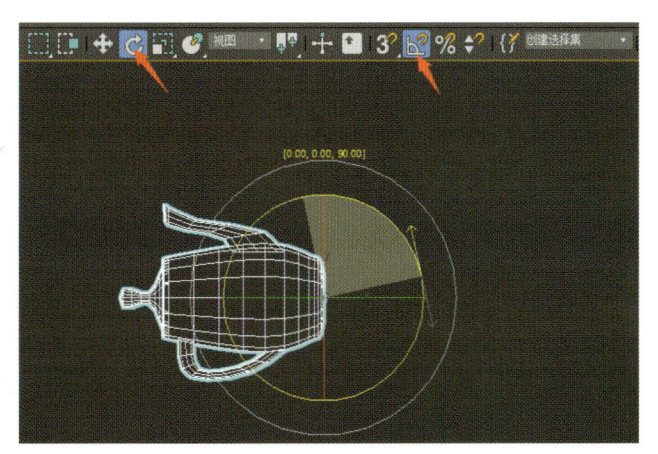

3. 缩放变换（快捷键【R】）

■ 操作要点

（1）鼠标在黄色区域内拖动对象，可使对象在三个轴上等比缩放，如图 1-25 所示。

（2）鼠标放在任意两个轴中间可实现非等比缩放。

（3）鼠标放在单个轴上，可只在一个轴上缩放，如图 1-26 所示。

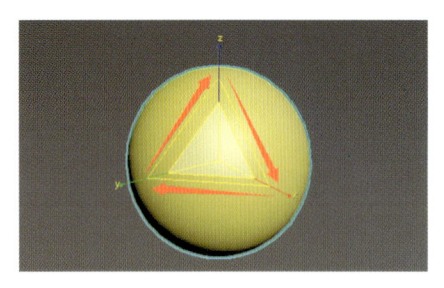

图 1-25　沿 X、Y、Z 轴同时缩放　　　　图 1-26　沿 X 轴缩放

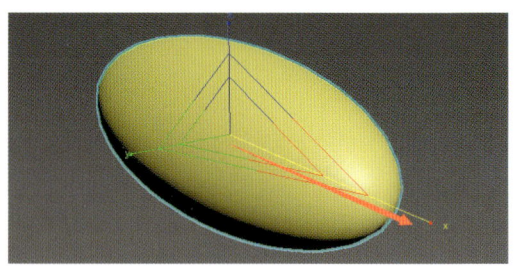

（4）精确缩放：鼠标右键单击【缩放】工具，弹出【缩放变换输入】对话框，左侧可以单独沿着 X、Y 或者 Z 轴输入缩放比例；在右侧【偏移】项输入比例，可以成比例进行精确缩放，如图 1-27 所示。

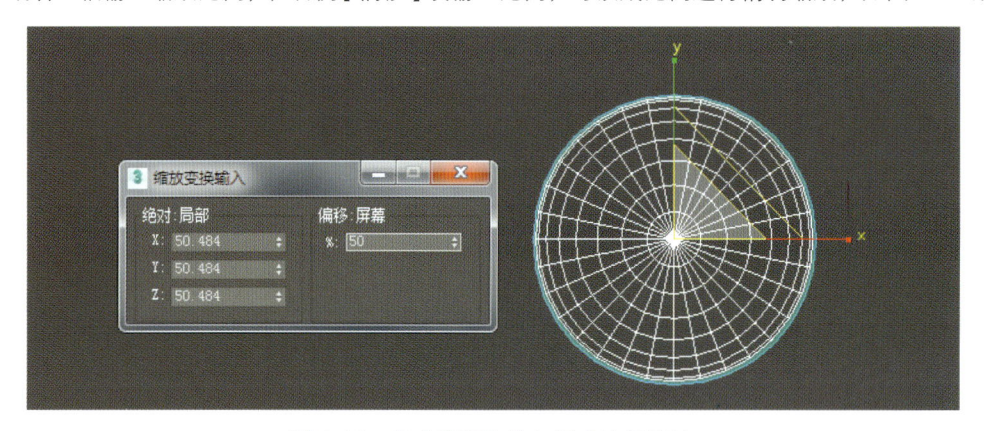

图 1-27　在【偏移】输入框成比例缩放

二、复制对象

通过复制单人沙发来学习【移动复制】【旋转复制】【镜像复制】的操作。

1. 移动复制

■ 操作步骤

（1）启动 3ds Max 2018 中文版，打开【素材资源/项目一：单人沙发.max】文件，如图 1-28 所示。

（2）单击主工具栏中的【选择并移动】按钮，选择【沙发】，按住【Shift】键，在前视图中按住鼠标左键并沿 X 轴向右拖动，移动到合适位置时松开鼠标左键，此时弹出【克隆选项】对话框，选择【实例】选项，再单击【确定】按钮，如图 1-28 所示。

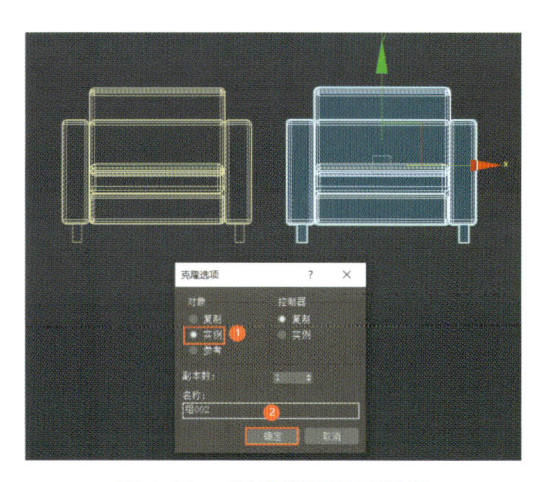

图 1-28　【克隆选项】对话框

☞ **技巧**：【克隆选项】对话框中【复制】选项是源对象，与复制出的对象互不影响和关联。如复制出的造型需要进行修改时，应选择【复制】选项；【实例】选项是复制出新对象，当对新对象修改时，源对象也会同步发生改变，源对象与复制后的对象是同步关联的，修改任意一个，其他造型都会一同改变。如果需要复制出的造型与原来的始终保持一样，则应选择【实例】选项。

2. 旋转复制

■ 操作步骤

（1）在顶视图选择一组沙发，按快捷键【A】打开【角度捕捉】（默认【角度捕捉】是5°），单击主工具栏中【选择并旋转】按钮，然后按住【Shift】键，在顶视图中沿Z轴旋转，过程如图1-29所示。

（2）用移动工具将旋转复制出的沙发移动到合适位置，效果如图1-30所示。

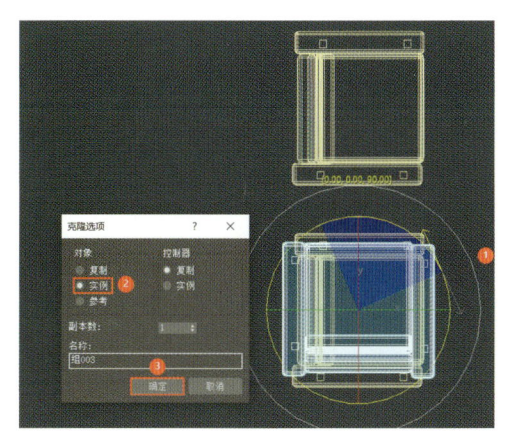

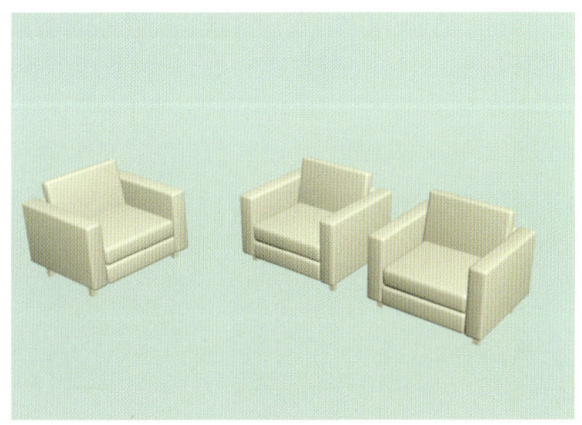

图 1-29　旋转复制　　　　　　　图 1-30　旋转复制后沙发的位置

3. 镜像复制

■ 操作步骤

（1）单击主工具栏中的【镜像】按钮，弹出【镜像：屏幕坐标】对话框。

（2）在弹出的对话框中选择Y轴，点选【复制】，【偏移】输入【3 000】，最后单击【确定】按钮。如图1-31所示。

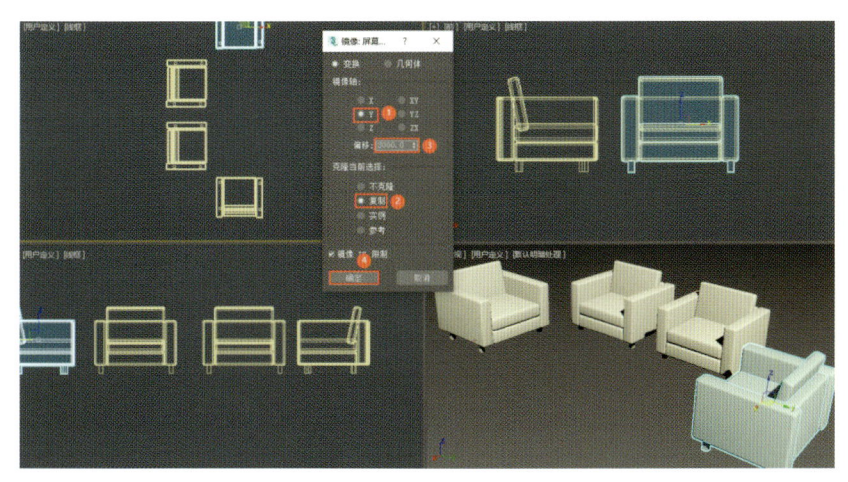

图 1-31　镜像复制设置

任务五　捕捉及其他命令

捕捉对齐在工作中使用非常多，熟练使用能提升建模精度，提高整体作图速度。

一、【捕捉】命令

1. 捕捉类型

捕捉包含四种方式，常用的是 2.5 维捕捉及 3 维捕捉，通常在平面视图操作使用 2.5 维捕捉，在透视图操作用 3 维捕捉。按住【捕捉】按钮，可以从下拉列表中选择捕捉类型，如图 1-32 所示。

2.【捕捉】设置

鼠标右键单击【捕捉】按钮，弹出【栅格和捕捉设置】对话框，在【捕捉】选项卡中，根据操作需要勾选，一般情况下勾选【顶点】即可，需要捕捉【边】时，可以勾选【边/线段】选项，其他类型在需要的时候再开启；【选项】选项卡中需要勾选【捕捉到冻结对象】【启用轴约束】【显示橡皮筋】，如图 1-33 所示。

图 1-32　捕捉的类型　　　　图 1-33　捕捉设置

■ 操作步骤

（1）如图 1-34 所示，通过捕捉操作，将 B 图形与 A 图形最上面的边对齐，左右位置都不变。
（2）按【S】键打开【捕捉】，选择为 2.5 维捕捉，按【F6】键，约束 Y 轴。

图 1-34　约束 Y 轴，Y 轴变亮

（3）选择 B 图形，按住鼠标左键拖曳左上角到 A 图形的 1 点或 2 点，如图 1-35 所示。

（4）对齐后松开鼠标，完成对齐操作。效果如图 1-36 所示。

图 1-35　拖曳捕捉的点　　　　　　　　　　图 1-36　对齐后效果

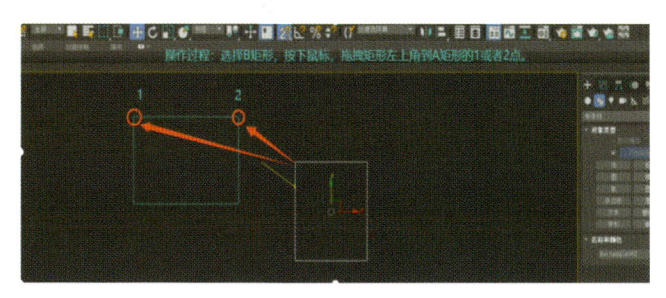

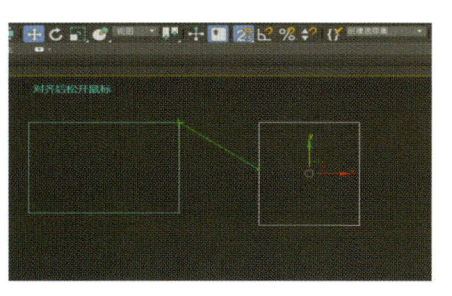

二、【阵列】命令

通过阵列一组餐椅来学习【阵列】命令的使用。餐椅阵列前与阵列后的效果如图 1-37 所示。

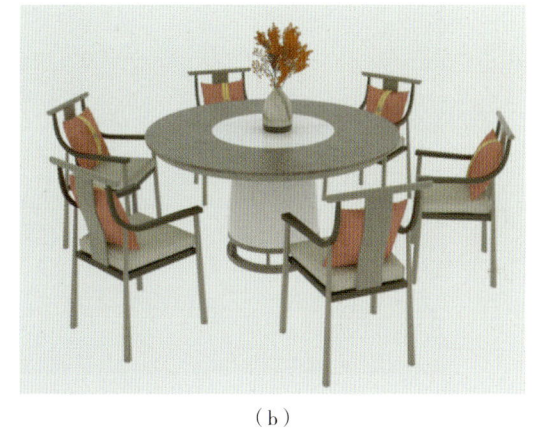

图 1-37　阵列前与阵列后的效果
（a）阵列前；（b）阵列后

■ 操作步骤

（1）启动 3ds Max 2018 中文版，打开【素材资源/项目一：中式餐桌椅.max】文件。

（2）激活顶视图，按【Alt】+【W】快捷键，将顶视图最大化显示。

（3）选择餐椅，单击命令面板中【层级】面板，然后单击【仅影响轴】按钮，在顶视图移动轴心到餐桌的中心，再次单击【仅影响轴】按钮，结束层级命令。如图 1-38 所示。

（4）鼠标光标放在主工具栏空白处，单击鼠标右键，在弹出的快捷菜单中选择【附加】，此时【附加】工具栏被调出来（包含【阵列】工具）。

（5）确定餐椅处于选择状态，单击【阵列】按钮，在弹出的【阵列】对话框中设置参数，设置如图 1-39 所示。

（6）执行菜单栏【文件】→【另存为】命令，保存当前场景，命名为【餐桌椅 1.max】。该练习除了使用【阵列】工具，也可以使用旋转并复制的方法（提示：需要先设置旋转角度）。

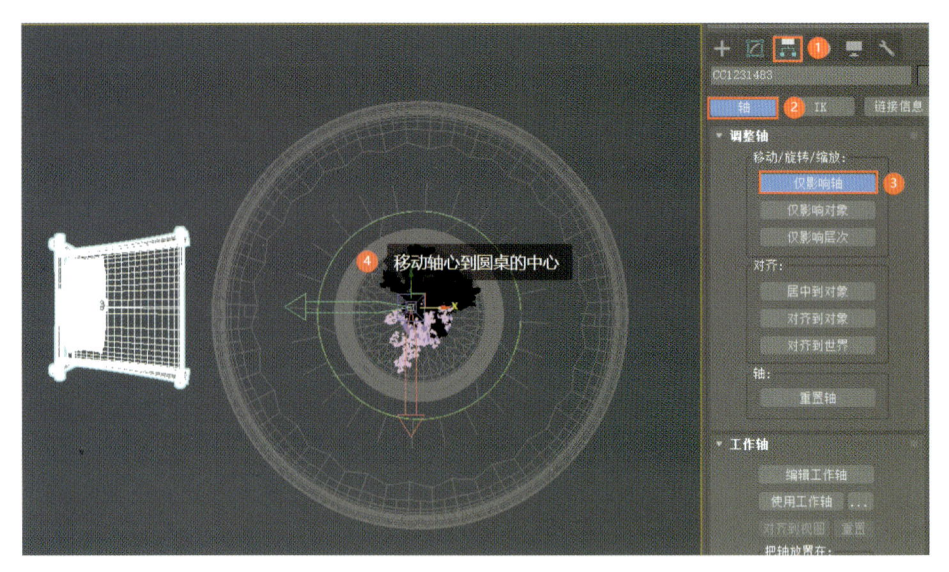

图 1-38　改变餐椅轴心

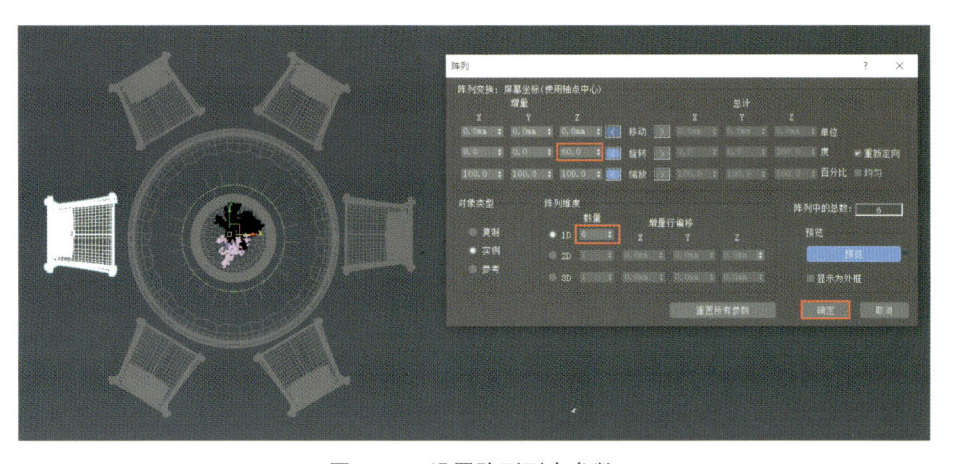

图 1-39　设置阵列列表参数

评价、巩固与拓展

阶段测试

学习评价

视频：行业资讯

视频：建筑动画欣赏

视频：室内动画生长图

模块二
3ds Max 建模

PROJECT TWO

项目二　几何体建模

任务单

项　目	内　　容
任务描述	一位王女士家中需要增添一个储物柜，卖场中的一款储物柜风格不错，但是尺寸和细节不符合自己的需要。请你在掌握几何体建模命令和方法的基础上，感受现代、时尚、简约的设计，捕捉流行的设计元素，帮助王女士设计一款清新、简洁的储物柜
任务要求	（1）储物柜整体尺寸为 1 800 mm×800 mm×300 mm； （2）储物柜要风格清新、简洁、实用； （3）储物柜需要包含抽屉，满足不同收纳功能的同时丰富储物柜的造型与变化性
学习目标	1. 知识目标 （1）标准基本体的创建与参数修改； （2）扩展基本体的创建与参数修改。 2. 能力目标 （1）能够熟练创建和修改几何体； （2）能够独立完成一件简单家具的制作； （3）能说出家具的一般尺寸和板材规格。 3. 素质目标 （1）培养学生一丝不苟、精益求精的工匠精神； （2）养成良好的操作习惯，为以后的学习打好基础； （3）培养学生分析问题、解决问题的可持续发展能力； （4）培养"设计为民""低碳环保""传承文化"的设计观； （5）善于运用新材料和新技术创新设计柜类家具
辅助学习	超星在线学习课程、微视频、图片、拓展学习等

项目二　几何体建模　021

任务一　几何体命令及参数

一、创建类型及几何体命令

在【创建】命令面板（Create）中有 7 个按钮，从左到右分别是【几何体】（Geometry）、【二维图形】（Shapes）、【灯光】（Lights）、【相机】（Cameras）、【辅助对象】（Helpers）、【空间变形】（Space Warps）、【系统】（Systems），如图 2-1 所示。

【创建】命令面板【几何体】选项卡下拉列表中包含【标准基本体】【扩展基本体】及【特殊基本体】命令工具。【标准基本体】中包含【长方体】【球体】【圆柱体】【圆环】【茶壶】【圆锥体】等命令，【扩展基本体】中包含【异面体】【环形结】【切角长方体】【切角圆柱体】等命令。创建后效果如图 2-2 所示。

图 2-1　【创建】命令面板中的 7 个创建类型

图 2-2　几何体创建完成效果

二、几何体的创建与参数修改

（1）创建方法：单击【建模】按钮，拖曳鼠标光标，即可创建一个几何体。任何模型最开始建立时都要确定好创建在哪个视图。

（2）修改参数：单击【修改】命令面板，修改对象命令的参数。如果圆柱体、长方体不需要弯曲造型，则【段数】参数中段数设置为 1。

☞ **技巧**：在更改命令面板参数时，注意使用经验做法提高速度。①单击微调器的任何一个小箭头，小幅度地增加或减少数值。②按住鼠标并上下拖曳微调器的箭头，可较大幅度地增加或减少数值。③物体的段数尽可能少。

■ 操作步骤

1.【长方体】的创建与修改

（1）单击【创建】按钮，在【创建】命令面板中单击【几何体】按钮，选择 标准基本体 选项，单击【长方体】按钮 长方体 ，在顶视图中按住鼠标左键并拖动，创建一个长方体。

（2）单击【修改】按钮，进入【修改】命令面板，修改【参数】卷展栏中的参数长为 300、宽为 200、高为 200、高度分段数为 6，其他保持默认。完成效果及参数设置如图 2-3 所示。

2.【球体】的创建与修改

（1）单击【创建】按钮，在【创建】命令面板中单击【几何体】按钮，选择 标准基本体 选项，单击【球体】按钮 球体 ，在顶视图中按住鼠标左键并拖动，创建一个球体。

（2）单击【修改】按钮，进入【修改】面板，修改【参数】卷展栏中的参数半径为 60，半球值为 0.3，其他保持默认。完成效果及参数设置如图 2-4 所示。

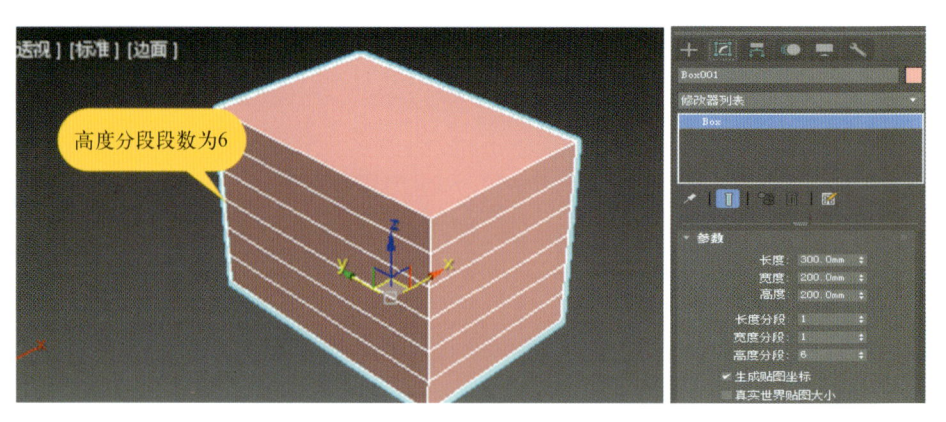

图 2-3 创建【长方体】效果及参数设置

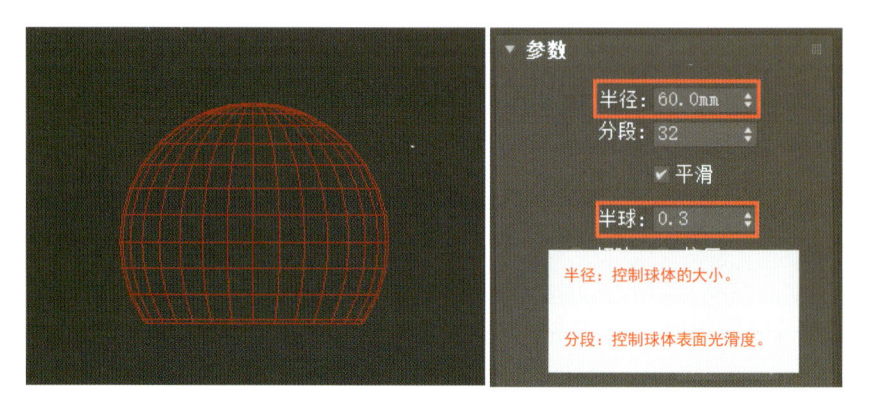

图 2-4 创建【球体】效果及参数设置

3.【切角长方体】的创建与修改

（1）单击【创建】按钮，在【创建】命令面板中单击【几何体】按钮，选择 扩展基本体 选项，单击【切角长方体】按钮 切角长方体 ，在顶视图中按住鼠标左键并拖动，创建一个球体。

（2）单击【修改】按钮，进入【修改】面板，修改【参数】卷展栏中的参数半径长度为 600、宽度为 600、高度为 150、圆角值为 25、圆角分段为 4，其他保持默认。创建完效果和参数设置如图 2-5 所示。

图 2-5 创建【切角长方体】效果及参数设置

☞ **技巧**：其他几何体的创建方法都一样，参数的修改方法也一样，只是参数项略有不同。因此，其他几何体的创建不做详细介绍。同学们通过多练习加强熟练度。

任务二　现代储物柜制作

一、案例解析

由设计师 Hosun Ching 设计的步入式衣柜，乍一看是一个普通的衣柜，再一看，衣柜的把手设计特别，极简线条的把手与简洁的衣柜门搭配，非常具有现代感。从功能上看是将把手的功能延展开来，融合了临时挂衣物的功能，该设计点是得益于设计师对生活的细致观察。如图 2-6 所示。

图 2-6　Hosun Ching 设计的衣柜整体效果

衣柜与众不同的部分是其内部结构，将衣柜单体变成"步入式、可开关"的小型储存单元。设计主要关注结构和视觉可见度，有方便的饰物抽屉和隐藏叠层，充分考虑人们日常庞杂的物品、衣服的收纳问题，解决每一类物品的存放、拿取，里面可以放置任何形式的配件，以任何方式陈列，完全兼顾了实用与造型。如图 2-7 所示。

图 2-7　Hosun Ching 设计的衣柜局部与细节

二、柜类家具设计分析

1. 功能要求与尺度

柜类家具是用来存放被服、书刊、食品、器皿、用具等物品的家具，需要考虑人与物两方面的关系，因此必须研究人体活动尺度和生活方式，合理划分收纳空间，满足收纳需求。同时也要具有一定审美价值，满足人们的精神需求。

收纳柜的尺寸因存放的物品不同，柜子的深度不同；因室内空间大小不一，柜子的长度不同；因要求不同，柜子高度不同。以摆放书籍、装饰品、杂物等为例，如图 2-8、图 2-9 所示。

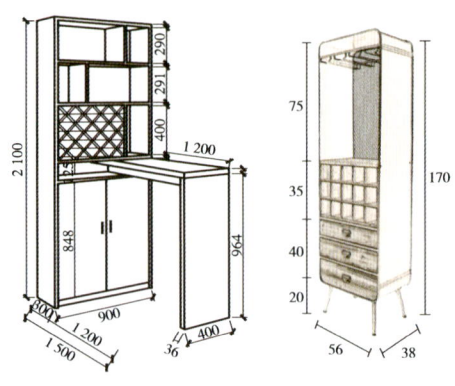

图 2-8　柜子尺寸示意图

图 2-9　清新样式储物柜 选自宜家家居

2. 储物柜样式分析

现代收纳类家具形态各异，如封闭式、开放式、综合式；移动式和固定式；板式类、框架类、模块化、组合类等家具。大部分收纳柜的样式为方形或长方形。柜子的样式，通过材质、空间分割、色彩、点线面元素富有节奏的排列，达到新颖的视觉效果。

3. 材料要求

主要的板材包含实木颗粒板、实木多层板、松木实木板、生态实木板、纯实木板。柜类家具需要选用防潮性能好，抗弯压性、稳定性能和握钉力强，防水、防滑、防火、耐磨等功能突出的板材。除了考虑以上问题，还要选择环保级别高的板材。阅读和了解《人造板及其制品甲醛释放量分级》（GB/T 39600—2021）和《基于极限甲醛释放量的人造板室内承载限量指南》（GB/T 39598—2021），了解国家最新标准，以保证设计的健康与安全。

三、现代储物柜制作（以下单位均为 mm）

制作模型时应先对模型进行分析，柜子主要是由直线和面组成，将其分解成基本几何体，制作起来就简单了。

本训练教程，提示主要的作图方法和步骤。

（1）制作顶盖：单击【创建】按钮，在【创建】命令面板中单击【几何体】按钮，选择保留其余部分裁掉，单击 长方体 按钮，在顶视图中按住鼠标左键并拖动，创建长方体，进入【修改】命令面板，修改长度为 300、宽度为 800、高度为 20，如图 2-10 所示。

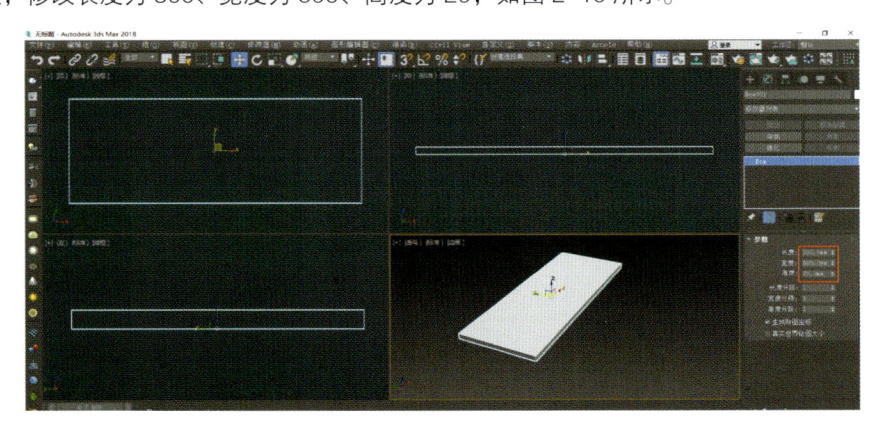

图 2-10　创建【长方体】效果及参数设置

微课：现代储物柜

（2）制作后背板：再次单击【长方体】按钮，在前视图中按住鼠标左键并拖动，创建长方体，进入【修改】命令面板，修改参数长度为1 800、宽度为800、高度为20，如图2-11所示。

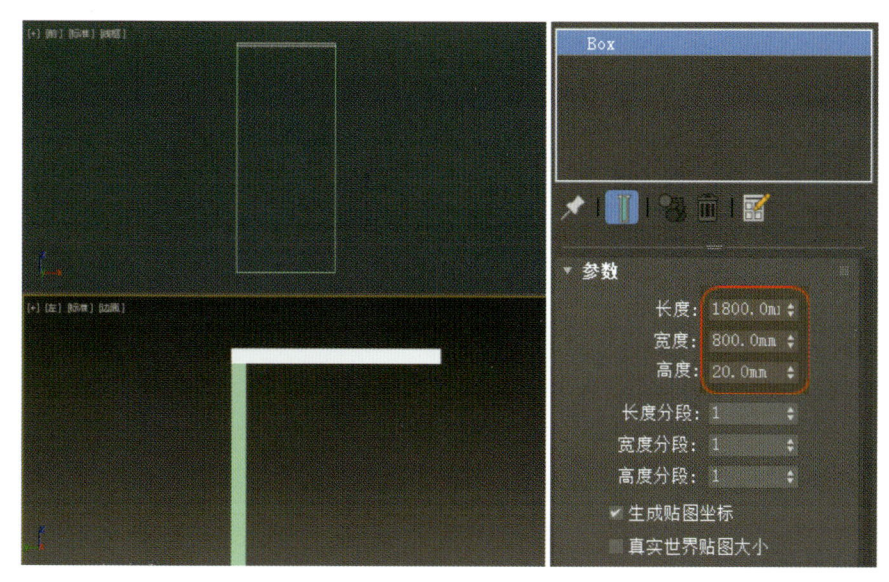

图2-11 前视图创建【长方体】效果及参数

（3）按【S】键打开捕捉，设置为2.5维捕捉。在【捕捉】按钮上单击鼠标右键，在弹出的对话框中勾选【顶点】，鼠标拖曳第二个长方体的左上角到顶板的左下角处，再到顶视图捕捉对齐。设置和操作如图2-12所示。

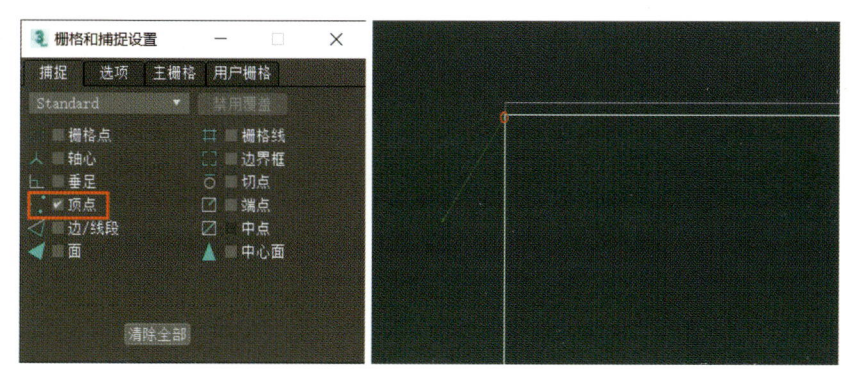

图2-12 捕捉操作

（4）制作侧板：在左视图创建长方体，进入【修改】命令面板，修改参数长度为1 800、宽度为300、高度为20，分别在左视图和顶视图捕捉对齐，如图2-13所示。

（5）复制侧面板：选择侧板，在主工具栏中单击【阵列】按钮，在弹出的【阵列】对话框中进行参数设置，设置参数如图2-14所示。

（6）隔板：选择顶板，单击【阵列】按钮，设置参数如图2-15所示。（为了保证模型与实际的一致性，隔板不能通到最外侧，可以修改隔板宽度为760，顶板保留800。而阵列后的几

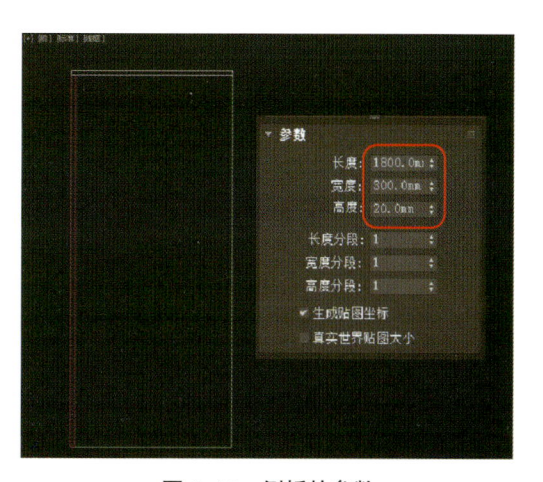

图2-13 侧板的参数

个隔板具有关联性，修改其中一个，其他也一起改变。可以选择顶板，单击鼠标右键，选择【转换为可编辑多边形】后，再选择下面的任意一个隔板，修改宽度为760。这里也可以不修改，只制作柜子外观效果即可。）

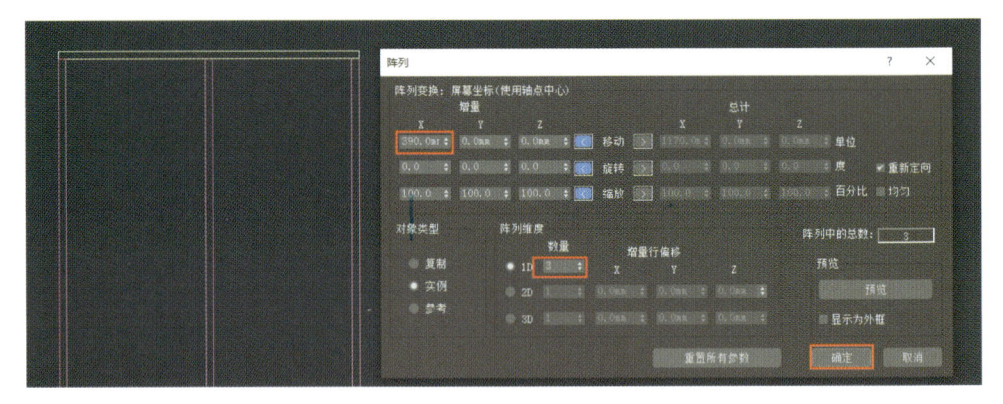

图 2-14 【阵列】参数设置

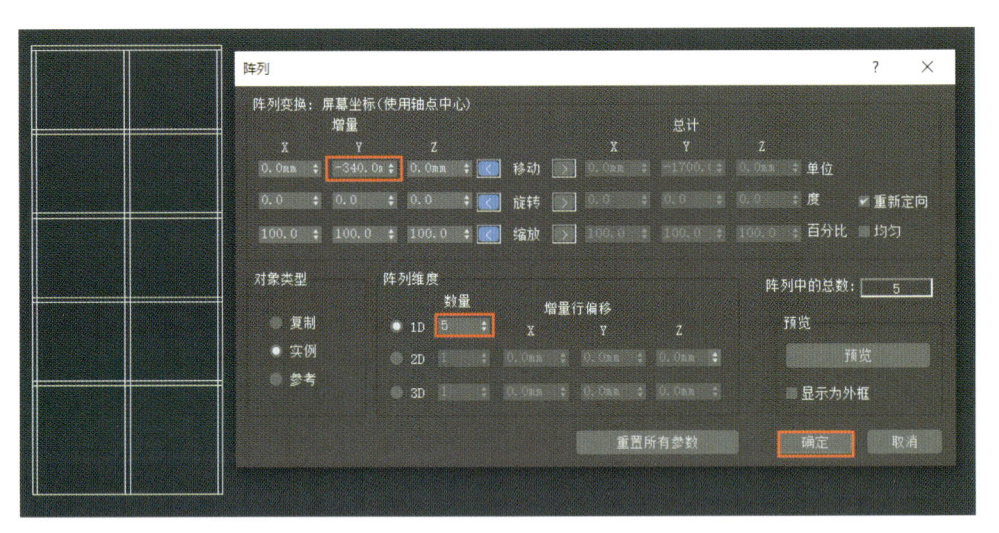

图 2-15 使用【阵列】复制隔板

（7）抽屉：在前视图创建长方体作为抽屉，进入【修改】命令面板，修改参数如图 2-16 所示。在【捕捉】按钮上单击鼠标右键，在弹出的对话框中勾选【边/线段】，如图 2-17 所示。在前视图拖曳鼠标对齐，再按【Shift】键，向下复制一个。效果如图 2-18 所示。

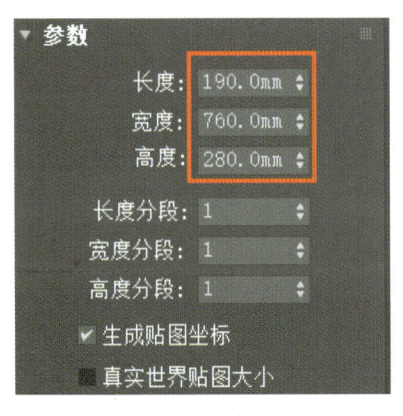

图 2-16 抽屉参数设置　　图 2-17 捕捉设置　　图 2-18 制作抽屉后效果

（8）制作书：在前视图创建【切角长方体】，尺寸为 250×20×180×3，复制并修改参数（使书的厚薄不同），如图 2-19 所示。

（9）把手：在顶视图中使用【直线】绘制方法，进入点层级进行圆角处理，勾选【可渲染】，数值为 8。效果如图 2-20 所示。

（10）切换到前视图、左视图检查模型的位置，调整好位置后切换到透视图，整体模型效果如图 2-21 所示。

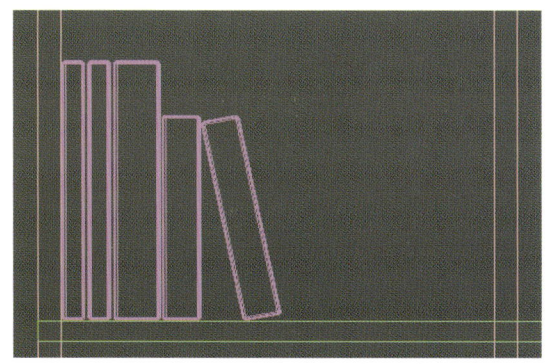

图 2-19 【切角长方体】制作书本

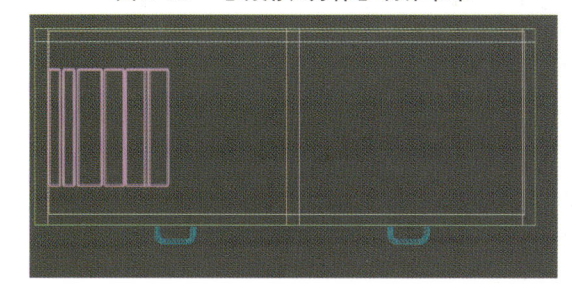

图 2-20 【直线】制作把手

图 2-21 完成效果

☞ **技巧**：柜子的装饰物可以待学习后面的知识点后再制作。有基础的同学可以尝试制作柜子里的装饰物。

四、作品欣赏

为提升应用能力，在同一个项目训练基础上灵活变通，图 2-22～图 2-26 所示为辽宁轻工职业学院环艺学生的练习作品。学生作品多姿多彩，体现了学生丰富的想象及 3ds Max 灵活应用的能力。

图 2-22 学生作品 1（郭福圣设计）

图 2-23 学生作品 2（程宇航设计）

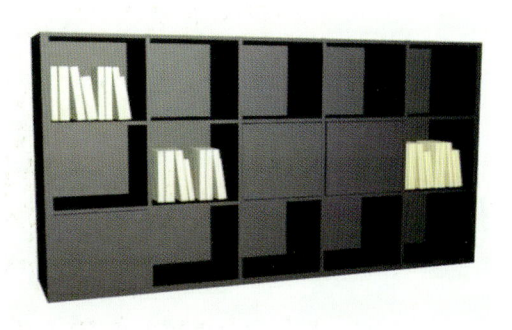

图 2-24 学生作品 3（崔佳榕设计）

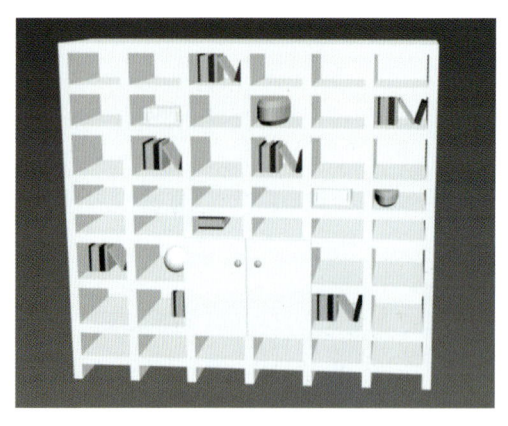

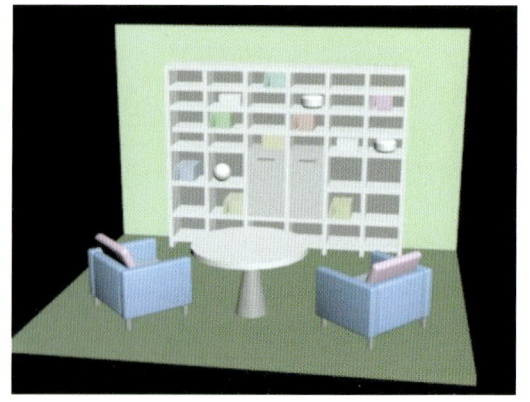

图 2-25 学生作品 4（韩昕设计）　　　图 2-26 学生作品 5（孙硕设计）

设计师朱小杰设计的书柜，采用具有现代感的直线，排列与重复、封闭与开敞，边界出头设计显得灵动不死板。设计的出发点充分考虑了使用的细节、人与柜子的关系，重新划分了书柜的构成，分配了封闭与开放的区域，处处体现出设计师对传统文化的气质把握及对设计语言的应用，如图 2-27 所示。

图 2-27 朱小杰的作品

随着人们生活水平的不断提高，柜类家具不仅要满足收纳的功能需求，还增加了精神性、文化性、趣味性的设计，如关注绿色环保、以人为本，增加趣味性，给生活带来乐趣，如图 2-28 ~ 图 2-30 所示。

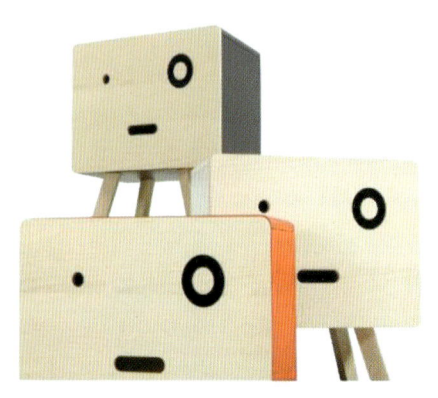

图 2-28 厨房收纳柜　　　图 2-29 趣味化柜子设计 1　　　图 2-30 趣味化柜子设计 2

素质提升

扫码阅读蠕虫书架和新装饰材料文件，思考以下问题。

（1）蠕虫书架的创意得以实现，除了创意想法，还有什么因素起到重要作用？

（2）你有没有经常关注新材料，并参加大型展销会？我们应重视材料的重要性，养成关注行业资讯的习惯。

创意作品——蠕虫书架

图文：8 种装修材料

评价、巩固与拓展

阶段测试

学习评价

PPT：朱小杰家具作品解析

图文：柜类家具创新样式

PPT：用曲线设计收纳家具

PROJECT THREE

项目三 二维线建模

任务单

项 目	内 容
任务描述	栏杆也是室内外常见的建筑构件以及装饰元素，除了木质栏杆、大理石 + 玻璃栏杆、铁艺栏杆，你还见过什么样的栏杆？请制作一处公路中的护栏
任务要求	（1）请运用二维图形命令制作图片中的铁艺栏杆； （2）铁艺栏杆可以制作成圆形线，也可以制作成方形线
学习目标	1. 知识目标 （1）二维图形的创建与修改； （2）可进行样条线的编辑。 2. 能力目标 （1）能够熟练创建和修改二维图形； （2）能够利用二维线独立制作一件模型。 3. 素质目标 （1）养成自主学习的意识和习惯； （2）学会解决问题的方法，能够自学及与同伴学习等； （3）改变思维方式，不断学习，积极面对学习中的困难
辅助学习	超星在线学习课程、微视频、图片、拓展学习等

任务一　二维线命令及参数

一、二维图形

二维图形是由一条或多条样条线（Spline）组成的对象。样条线上的点称为节点（Vertex），样条线中连接两个相邻节点的部分称为线段（Segment），如图 3-1 所示。

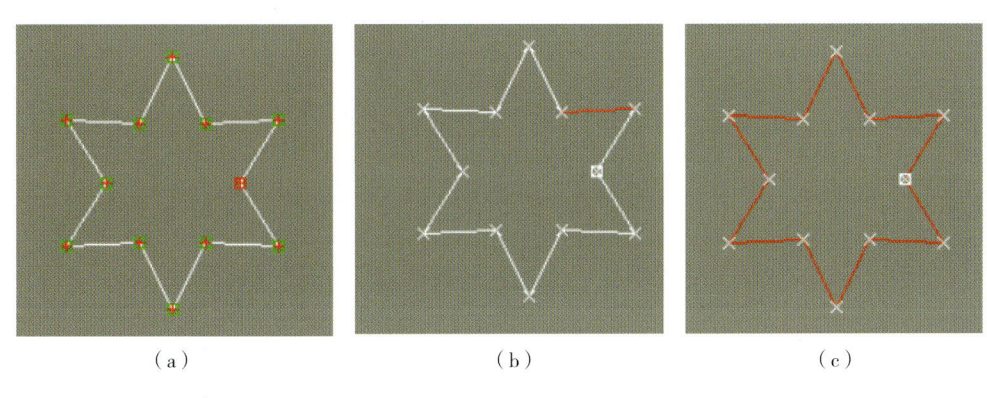

（a）　　　　　　　　　　（b）　　　　　　　　　　（c）

图 3-1　二维图形基本术语
（a）节点（Vertex）；（b）线段（Segment）；（c）样条线（Spline）

【创建】命令面板【图形】选项卡下拉列表中包含【样条线】【NURBS 曲线】和【扩展样条线】，本项目以学习【样条线】为主。【样条线】中包含【直线】【矩形】【圆形】【椭圆】【弧】【圆环】【多边形】【星形】【文本】等命令，各命令及创建后效果如图 3-2 所示。

图 3-2　二维图形命令及创建后效果

二、二维图形的创建与参数修改

（1）创建方法：除了【直线】命令外，其他二维图形命令只需单击【图形】命令，鼠标拖曳（有的命令需要点击拖曳多次结束命令），即可创建一个二维图形。

（2）修改参数：单击【修改】命令面板，修改对象的参数。

（3）开始新图形：不勾选时，绘制的图形都是一个对象、一个整体；勾选时，每次绘制的图形都是独立的。

☞ **技巧**：二维图形的创建比较简单，但每个二维图形命令的参数不一样，需要在练习时全部练习创建并修改，以熟悉每个图形的参数，才能在之后的复杂建模中思路灵活。

■ 操作步骤

1.【直线】命令的使用与编辑

（1）单击【创建】按钮，在【创建】命令面板中单击【图形】按钮，在下拉列表中选择【样条线】，单击【线】按钮。

（2）绘制直线：在前视图单击鼠标左键，再次单击下一点，经过多次单击回到起点（起点与终点自动焊接闭合）结束绘制，完成闭合图形绘制；绘制非闭合线，可多次单击，需要结束时单击鼠标右键即可退出；绘制过程中想回退，可以按退格键（【Backspace】键）。绘制效果如图3-3所示。

图3-3　绘制直线的一般方法

（3）绘制水平/垂直线：单击【线】按钮，在任意一个视图单击，然后在按住【Shift】键的同时，继续单击绘制直线，如图3-4所示。

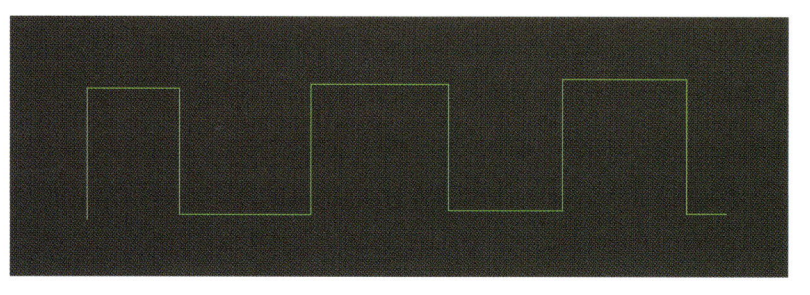

图3-4　绘制水平与垂直线

（4）绘制弧线：单击【线】按钮，在任意一个视图单击，同时拖动鼠标光标，可以绘制弧线；也可以先绘制直线图形，再进入【修改】命令面板，单击【顶点】按钮，在图形顶点单击鼠标右键，在快捷菜单中选择【Bezier】（贝塞尔曲线），调整控制柄，如图3-5所示。

图3-5　绘制弧线

2.【矩形】的创建与修改

（1）单击【创建】按钮，在【创建】命令面板中单击【图形】按钮，在下拉列表中选择【样条线】，单击【矩形】按钮，在前视图绘制一个矩形。

（2）单击【修改】按钮，进入【修改】命令面板，设置长、宽及圆角值，如图3-6所示。

3.【文字】的创建与修改

（1）单击【创建】按钮，在【创建】命令面板中单击【图形】按钮，在下拉列表中选择【样条线】，单击【文本】按钮，在前视图单击，出现【MAX文本】几个字。

（2）单击【修改】按钮，进入【修改】命令面板，修改字体为【黑体】，大小为【100 mm】，文本为【效果图】，如图 3-7 所示。

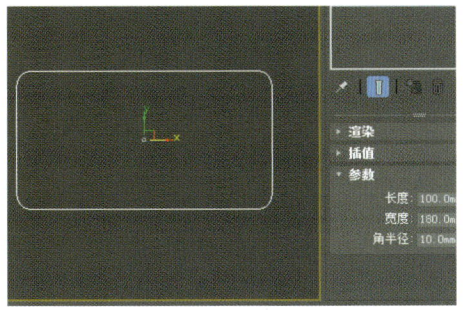

图 3-6 创建【矩形】效果及参数设置

图 3-7 创建并修改【文本】参数

三、二维图形的共同属性

二维图形有两个共同属性：Rendering(渲染)和 Interpolation(插值)属性。

（1）【渲染】卷展栏中主要的功能选项。

【在渲染中启用】默认二维样条线不能被渲染，勾选后渲染窗口可见。

【在视口中启用】勾选该选项后二维线能够在视口中直接显示，不勾选则视口中不显示二维线。

（2）【渲染】卷展栏中有【径向】和【矩形】两种方式。

（3）【插值】卷展栏中主要的参数。

步数：步数（Step）决定线段两个节点之间插入的中间点数。Step 的取值范围是 0 到 100，步数越多，线条越光滑。一般在满足基本要求的情况下，应尽可能将该参数设置到最小。

■ 操作步骤

（1）单击【创建】按钮，在【创建】命令面板中单击【图形】按钮，在下拉列表中选择【样条线】，单击【螺旋线】按钮，在顶视图中单击，然后进入【修改】命令面板，修改参数如图 3-8 所示。

（2）在命令面板中打开【渲染】卷展栏，勾选【在渲染中启用】【在视口中启用】两个选项，径向厚度值为 8，如图 3-9 所示；也可以设置为矩形长度为 8、宽度为 6，效果如图 3-10 所示。

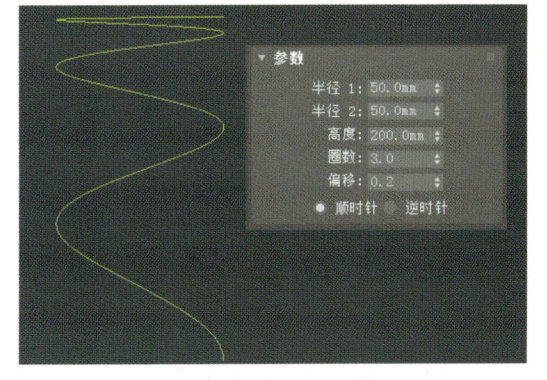

图 3-8 【螺旋线】的参数

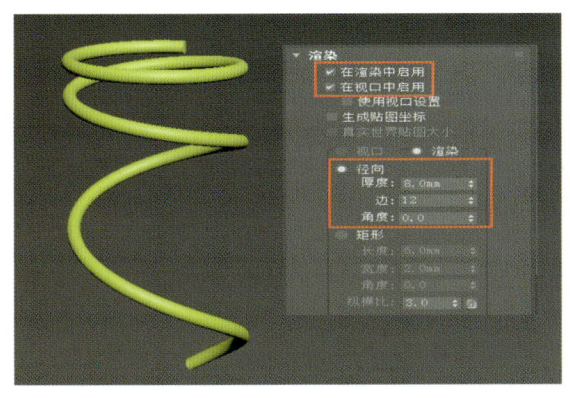

图 3-9 样条线可渲染设置类型 1

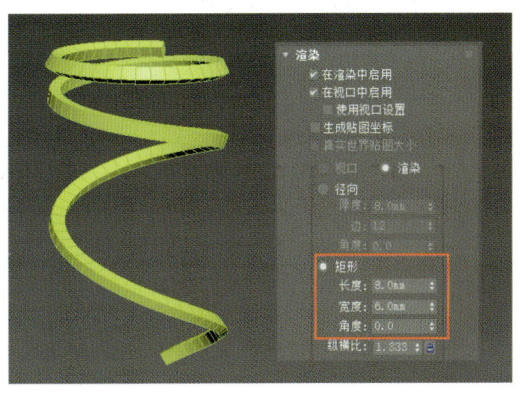

图 3-10 样条线可渲染设置类型 2

（3）绘制一条弧线，默认状态绘制完，弧线不圆滑，进入命令面板，打开【插值】卷展栏，修改步数为 20，如图 3-11 所示。

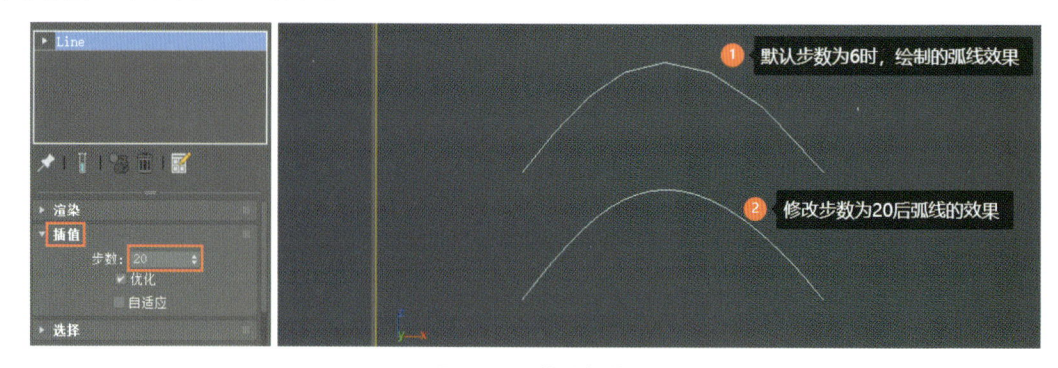

图 3-11　修改插值

四、【可编辑样条线】命令

除【直线】命令外，其他二维图形的参数固定，不能进行更复杂的造型编辑。而【可编辑样条线】命令可以将二维图形转换为样条线，样条线下包含顶点、线段、样条线，快捷键分别是【1】【2】【3】。

（1）转换方法：选择一个二维图形，单击鼠标右键，在弹出的快捷菜单中选择【转换为可编辑样条线】（Convert to Editable Spline），如图 3-12 所示。

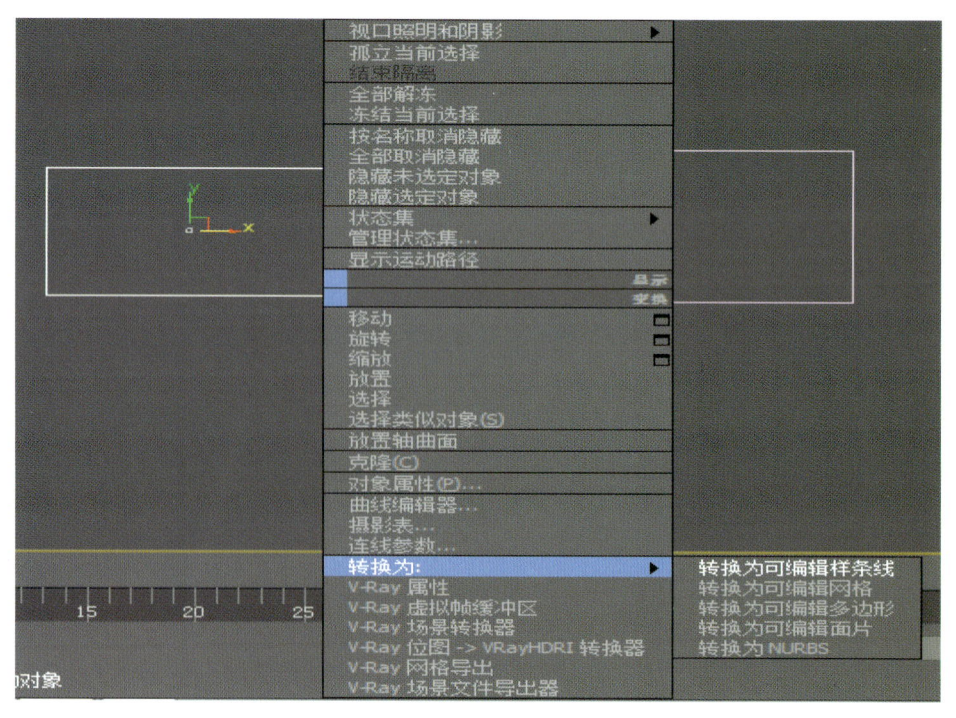

图 3-12　右键快捷菜单【转换为可编辑样条线】

（2）【顶点】的四种属性：光滑、直角、贝塞尔（Beizer）、贝塞尔角点。
（3）【顶点】的常用命令：创建线、断开、焊接、圆角、倒角等。
（4）【线段】的常用命令：拆分、分离等。
（5）【样条线】的常用命令：轮廓、布尔、镜像等。

任务二　铁艺栏杆制作

一、栏杆设计分析

栏杆是桥梁和建筑上的安全设施。栏杆在使用中起分隔、导向的作用，使被分割区域边界明确清晰，栏杆也具有装饰意义。栏杆常见种类有木制栏杆、石栏杆、不锈钢栏杆、铁艺栏杆、钢筋混凝土栏杆及组合式栏杆。

栏杆因所处的位置不同，高度也不一样，一般取决于使用对象和场所。因此，栏杆高度应以相应的国家标准为依据进行设计。一般情况下，低栏高为 0.2~0.3 m，中栏高为 0.8~0.9 m，高栏高为 1.1~1.3 m。例如，幼儿园、小学的栏杆可以建成双道扶手形式，分别供成人和儿童使用；住宅、托儿所、幼儿园、中小学及少年儿童专用活动场所的栏杆必须采用防止少年儿童攀登的构造，当采用垂直杆件做栏杆时，其杆件净距不应大于 0.11 m。

二、铁艺栏杆制作过程（以下单位均为 mm）

本训练教程，提示主要的作图方法和步骤。

（1）单击【创建】按钮，在【创建】命令面板中单击【图形】按钮，在下拉列表中选择【样条线】，单击【矩形】按钮，在前视图绘制一个矩形。进入【修改】命令面板，修改长为 800、宽为 150。

（2）单击右键，在弹出的快捷菜单中选择【转换成样条线】，按【1】键进入顶点层级；按【Ctrl】+【A】组合键全选顶点，然后鼠标单击右键，选择快捷菜单中的【角点】，将所有定点转换为角点，如图 3-13 所示。

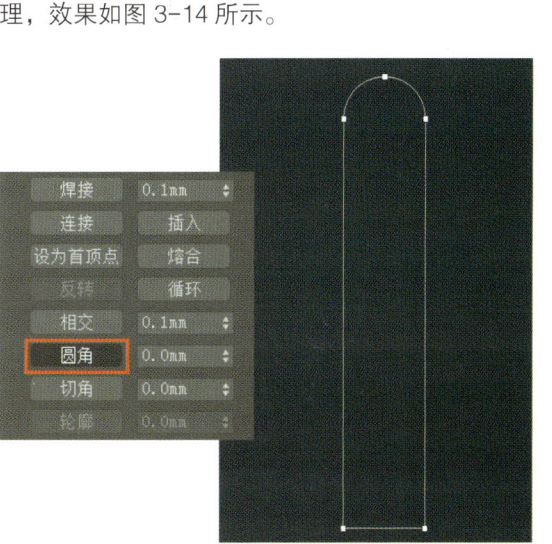

（3）在【顶点】层级，框选上面两个点，进入【修改】命令面板，单击【圆角】按钮，然后按住顶点向上移动鼠标光标进行圆角处理，效果如图 3-14 所示。

图 3-13　创建矩形　　　　　　　　图 3-14　圆角化处理

（4）按【3】键执行【样条线】命令，选择样条线，然后进入【修改】命令面板，单击【轮廓】按钮，鼠标光标移动到线条上，按住鼠标左键并拖动，添加一条外轮廓线。完成效果如图 3-15 所示。

(5)单击【创建】按钮，在【创建】命令面板中单击【图形】按钮，然后单击【线】按钮，绘制直线。右键单击【附加】命令，单击另外的线，将两个图形附加到一起，如图3-16所示。

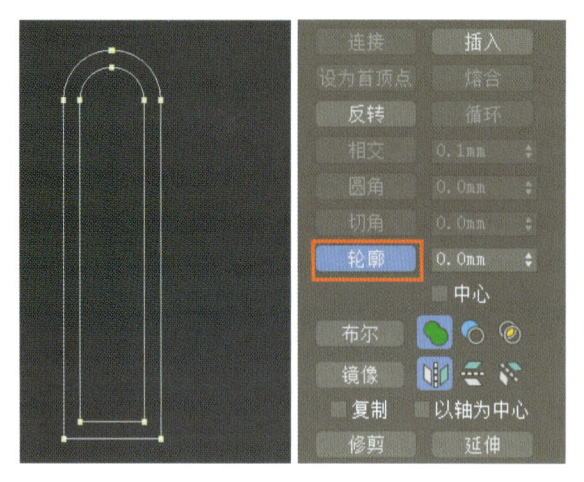

图 3-15 轮廓效果

图 3-16 绘制直线

(6)在前视图创建一个【长方体】作为连接件，进入【修改】命令面板，修改参数长度为40，宽度为80，高度为10。按【S】键开启2.5维捕捉，对齐并移动位置，如图3-17所示。

(7)框选所有对象，按【Shift】键，拖动 X 轴向右拖曳，以【实例】的形式复制9组。完成效果如图3-18所示。

图 3-17 创建长方体作为连接件

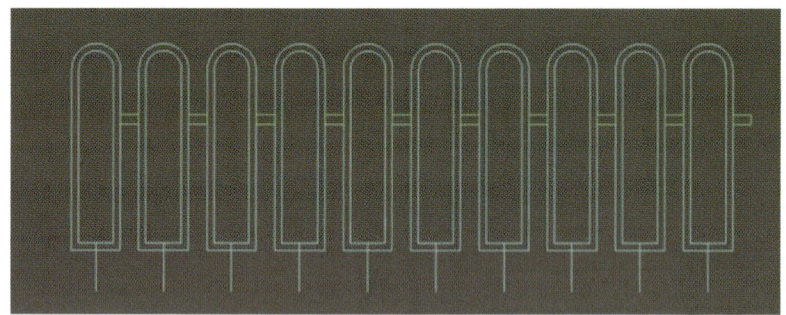

图 3-18 复制9组

(8)选择一组图形，进入【修改】命令面板，在【渲染】卷展栏中，勾选【在渲染中启用】和【在视口中启用】，厚度值改为15，如图3-19所示。

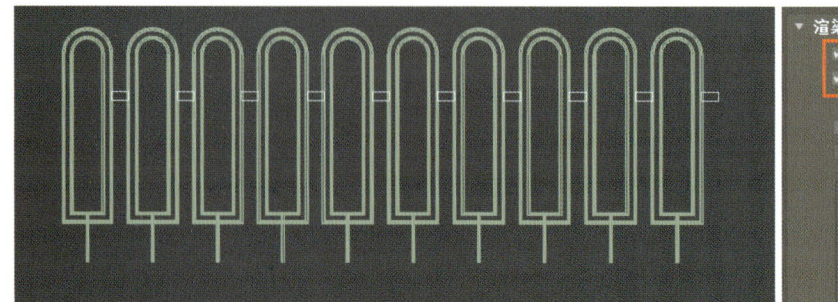

图 3-19 开启【可渲染】选项

(9)在左视图，绘制一个【长方体】，参数设置为长度40、宽度40、高度2 900，分别在左视图和前视图移动捕捉对齐，如图3-20所示。

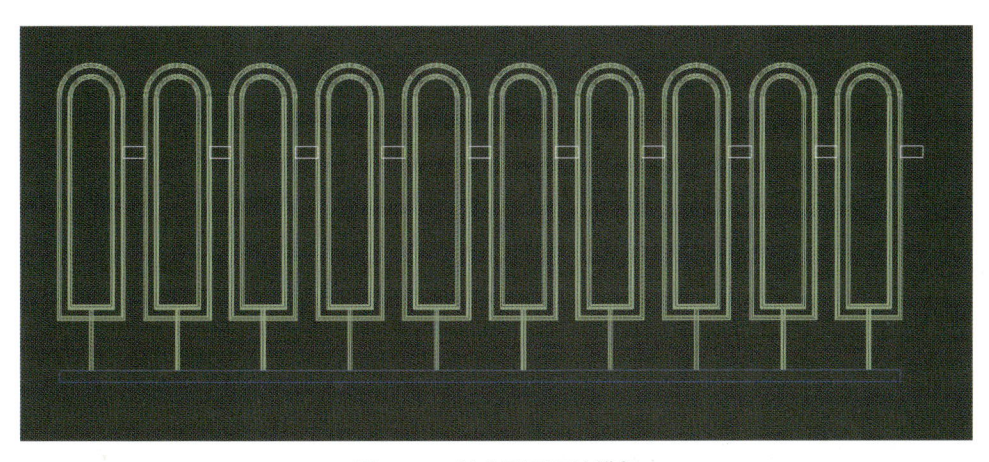

图 3-20　创建最下面的横杆

（10）在顶视图创建一个【长方体】，进入【修改】命令面板，修改参数为长度 80、宽度 80、高度 1 200，切换到前视图，移动并捕捉对齐，效果如图 3-21 所示。

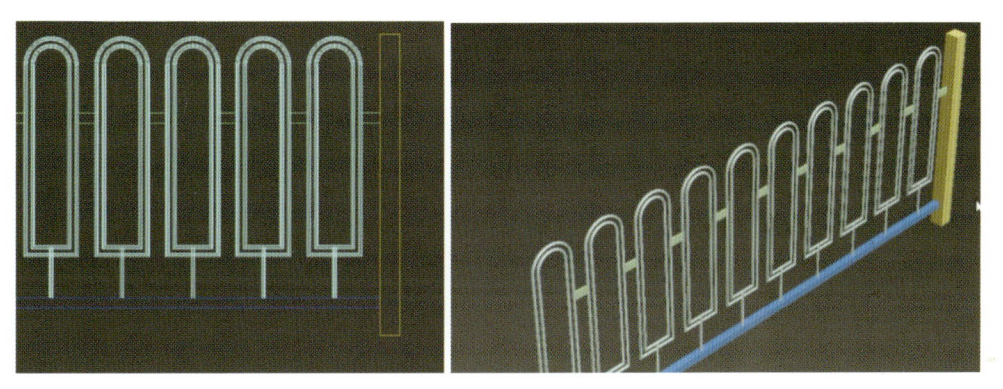

图 3-21　创建竖杆

（11）在前视图选择竖杆，按【Shift】键，鼠标拖曳 Y 轴向下复制，以【复制】方式复制一个，如图 3-22 所示。

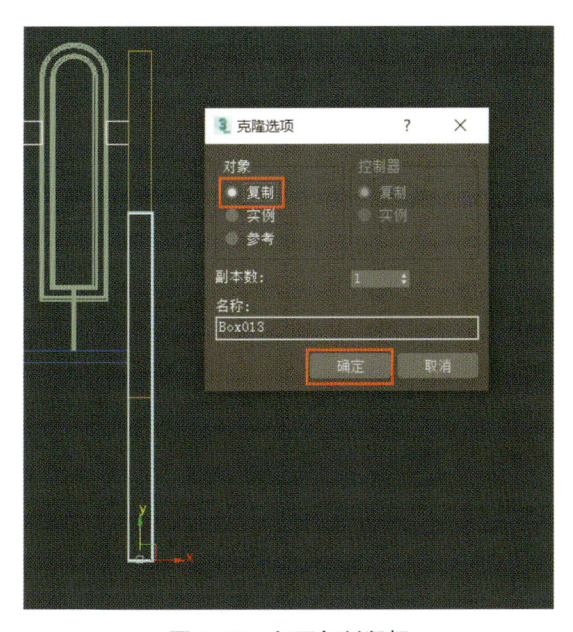

图 3-22　向下复制竖杆

(12)选择复制出来的长方体,进入【修改】命令面板,修改参数为长度130、宽度130、高度30,然后捕捉对齐,如图3-23所示。

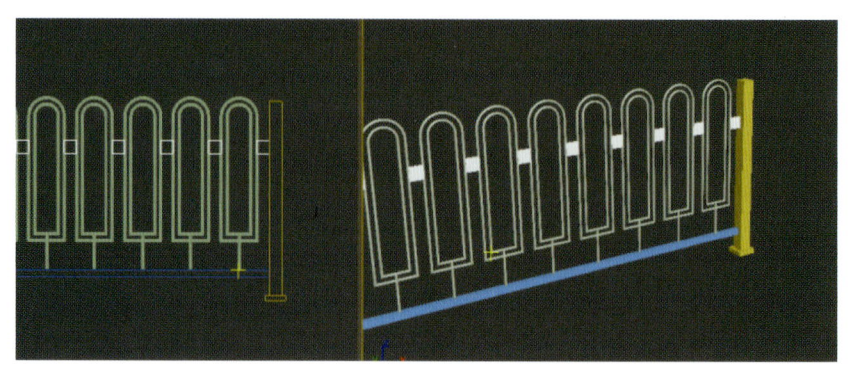

图3-23 修改参数并移动,作为底座

(13)框选竖杆、连接件和底座,按【Shift】键,鼠标拖曳 X 轴向左复制一组,移动到所有栏杆左侧。单击主工具栏【镜像】按钮,左右镜像。最后捕捉对齐,完成效果如图3-24所示。

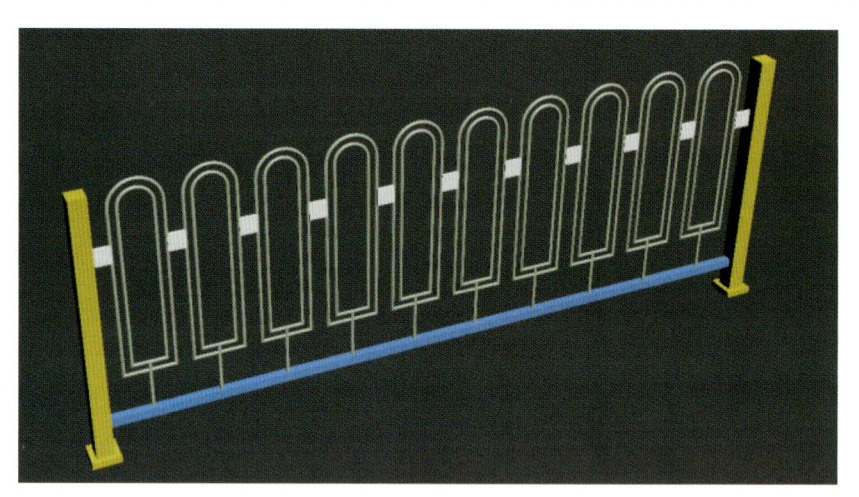

图3-24 复制后完成效果

素质提升

通过观看和阅读室内设计中的纠纷问题及安全性的反面案例,对设计的相关国家规范和法律法规的重要性有更深的认识,加强自身对行业标准、相关法律法规的了解,更好地为人们创造美好生活。

栏杆的设计应最先满足安全的需求,其次是美观性设计。请扫描二维码阅读别墅设计挑台栏杆的安全事故案例,讨论以下问题。

(1)出现在案例中的"栏杆处掉人"事故,原因是什么?设计师是否需要承担一定责任?

(2)室内外设计都需要首先满足安全、健康、防火等要求,栏杆设计的高度有哪些规定?查找资料后分享汇报。

业主自己家装修,可以随便改吗?请扫描二维码观看视频,思考以下问题。

(1)随便改造房屋结构,是自己的事,以前你是否也是这样认为的?

(2)不恰当地更改结构有可能侵犯别人的合法权益,还有哪些做法是不符合相关规范的?

项目三　二维线建模　039

图文：栏杆设计问题案例

视频：房屋改造应注意问题

评价、巩固与拓展

阶段测试

学习评价

图文：栏杆设计造型欣赏

PROJECT FOUR

项目四 修改命令建模

任务单

项 目	内 容
任务描述	花窗格是典型的中式风格元素，具有重复的形状、相似的形状和线条美，很多设计师选择对这一传统元素进行创新、改变，融到现代生活中。请根据学习的修改命令，试着制作一个简单的中式花窗格，找找做类似物体的思路
任务要求	（1）选择中式元素"花窗格"作为制作主题来制作模型； （2）分析思路，总结制作经验； （3）运用二维图形和【修改】命令中的【挤出】命令制作模型，进行拓展设计
学习目标	1.知识目标 （1）【挤出】命令的使用方法； （2）【挤出】命令的应用。 2.能力目标 （1）能够熟练使用【挤出】命令制作相对复杂的模型； （2）能够分析出一个造型可以用什么命令和方法制作。 3.素质目标 （1）了解优秀传统文化，树立民族自信心； （2）有创新精神，自觉研究与学习传统智慧，并创新应用于现代生活中； （3）提高文化与艺术审美水平，善于运用设计手段设计美； （3）改变思维方式，不断学习，积极面对学习中的困难
辅助学习	超星在线学习课程、微视频、图片、拓展学习等

任务一　【修改】命令及参数

在 3ds Max 中对物体进行编辑，主要通过【修改】命令面板中各项修改器来完成，使用【修改】命令可以对物体施加各种变形修改。对一个对象可同时使用多个修改器，这些修改器都存储在修改堆栈中，可随时返回修改参数，也可删除堆栈中的修改器。

单击【修改器列表】按钮，在【修改】命令面板的下拉列表中包含很多修改器，如图 4-1 所示。

一、【挤出】命令

【挤出】命令通常用于在二维平面的基础上挤出墙体等，使二维线条拉伸得到三维实体，是使用频率最多的命令之一。但是想要挤出一个实体需要注意几个问题。

☞ **技巧**：添加【挤出】命令，对二维图形具有以下要求：①要求是封闭的样条线；②线条闭合了但不可以有交叉；③多个图形挤出必须先结合到一个整体；④图形不可以重叠（检查是否有未焊接的点，是否有重合的线）。

■ 操作步骤

（1）单击【创建】按钮，在【创建】命令面板中单击【图形】按钮，再单击【圆】按钮，在顶视图绘制圆形，然后进入【修改】命令面板，修改半径为 200。

图 4-1　修改器列表

（2）单击【配置修改器集】按钮，勾选【显示按钮】，再次单击【配置修改器集】按钮，在弹出的【配置修改器集】对话框中将【挤出】命令拖到右侧按钮上，具体设置如图 4-2 所示。

（3）确定圆处于选中状态，单击【修改】按钮，然后单击【挤出】按钮，输入数值为 2 200，在不需要弯曲造型或进一步编辑时，分段数应尽量减少，以提高速度。挤出参数设置如图 4-3 所示。

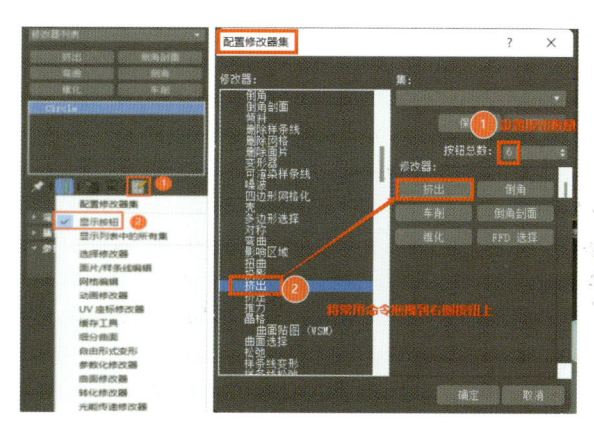

图 4-2　设置显示按钮　　　　　　　　图 4-3　挤出参数设置

二、【倒角剖面】命令

建模原理：以某条线作为基线，以另外一条线作为轮廓线（横截面），进行路径成型，产生三维实体。建模需要满足两个条件：基本线，控制物体的整体形态；横截面。

■ 操作步骤

（1）单击【创建】按钮，在【创建】命令面板中单击【图形】按钮，再单击【矩形】按钮，在前视图绘制矩形，然后进入【修改】命令面板，修改长度为300、高度为400。再在顶视图创建一个小矩形，修改长度为25、高度为20。完成效果如图4-4所示。

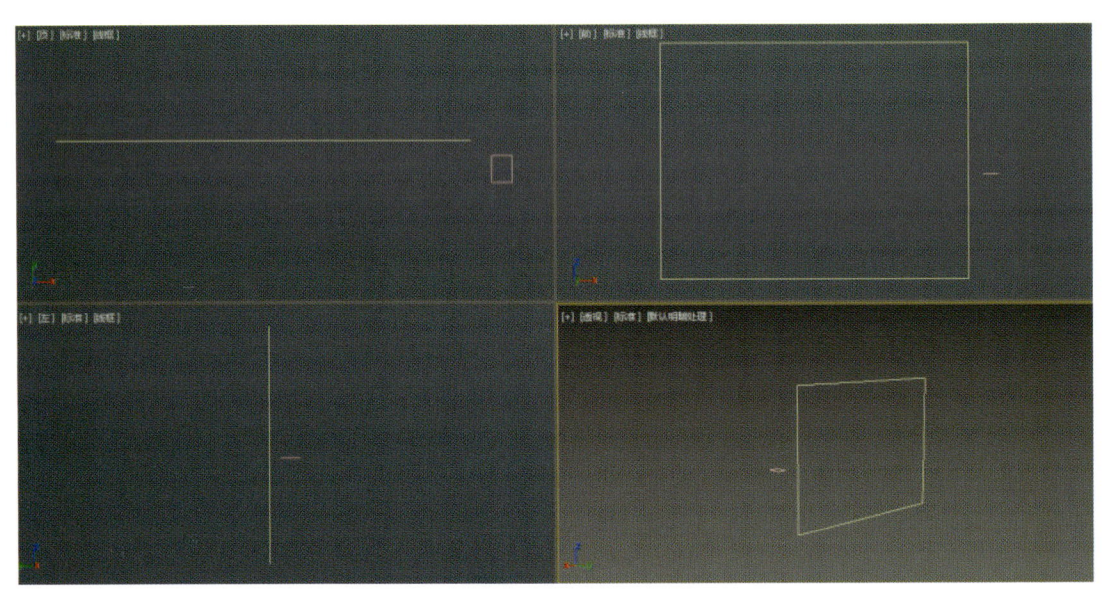

图4-4 两个矩形的参数与位置

（2）选择小矩形，单击鼠标右键，在弹出的快捷菜单中选择【转化为样条线】，按【1】键进入样条线层级，框选左下角的顶点，并向内移动，如图4-5所示。

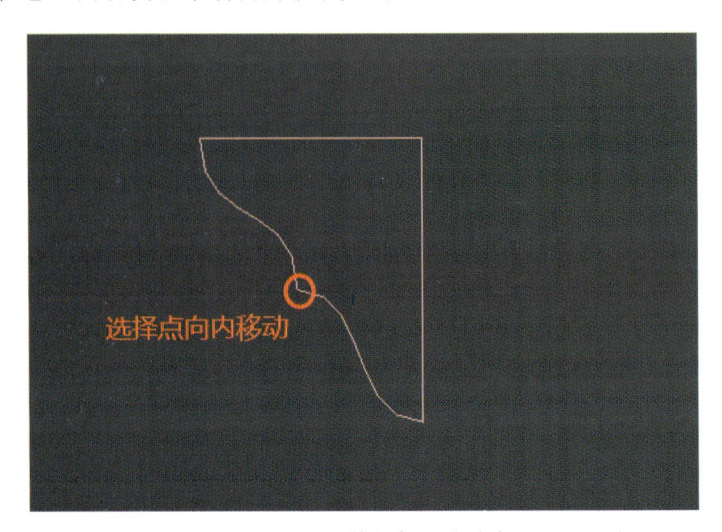

图4-5 样条线层级下移动点

（3）点选大矩形，单击修改器列表，选择【倒角剖面】命令，面板设置如图4-6所示，最后拾取场景中的小矩形，完成后效果如图4-7所示。

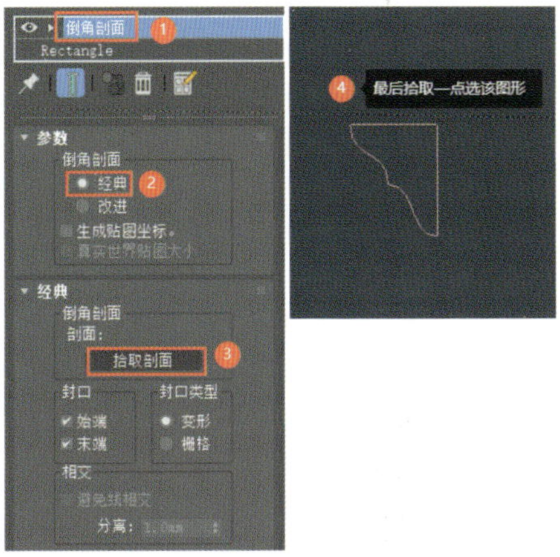

项目四　修改命令建模　043

图 4-6　【倒角剖面】命令设置 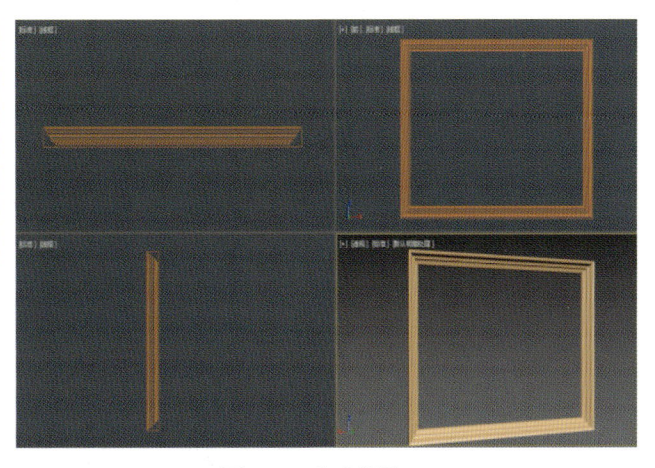　　　　　图 4-7　完成效果

任务二　中式花窗格制作

一、案例解析

在西方，窗户就是窗户，它放进光线和新鲜的空气；但对中国人来说，它是一个画框，花园永远在它外头。

——贝聿铭

"花窗"是来自中国古典建筑园林中的造型元素，连通室内外，既是一种建筑的表现手法，也是东方传统美学的代表之一。中国传统窗从形式上可分为半窗、长窗、漏窗。花窗格的花纹样式十分多样，有植物、花鸟、动物、其他等花纹样式，寓意丰富。如冰裂纹，一般有"十全十美，四通八达"之寓意，如图 4-8～图 4-10 所示。

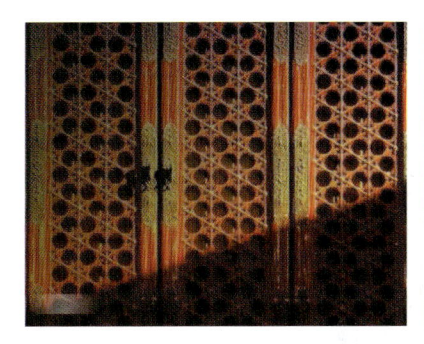

图 4-8　"三交六椀"菱花样式图案 　　　图 4-9　亚字样式棂花 　　　图 4-10　"月洞"冰纹花窗

二、花窗格在室内设计中的创新应用

在现代室内设计中，花窗格仍被广泛应用，许多设计师选择对花窗格这一传统元素进行创新，运用现代设计语言、现代的表现手法和材料，丰富空间层次，将花窗格融到现代生活中。花窗格集采光透风、观景入画、装饰美化作用于一身，既有含蓄东方之美，也体现时代特点，如图 4-11～图 4-14 所示。

图 4-11　花窗格的现代化表现 　　　　图 4-12　中式花窗格的应用

图 4-13　花窗格作为室内隔断的应用 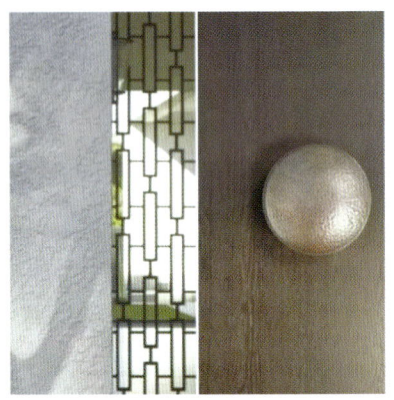　　图 4-14　花窗格与墙形成虚实对比

三、中式花窗格制作（以下单位均为 mm）

制作模型时应先对模型进行分析，将其分解成基本几何体，制作起来就简单了。往往一件复杂的家具模型其实所用到的建模方法很简单。

（1）执行【自定义】→【单位设置】命令，设置好单位，做好准备工作。

（2）前视图：单击【创建】按钮，在【创建】命令面板中单击【图形】按钮，再单击【矩形】按钮，在前视图绘制一个矩形。进入【修改】命令面板，修改长度为 140、宽度为 370。按【Shift】键，以【复制】方式复制出一个矩形，并修改参数为长度 320、宽度 170，然后将矩形②沿水平方向复制一个。最后捕捉对齐。效果如图 4-15 所示。

（3）前视图：框选三个矩形，按【Shift】键，沿着 Y 轴向下复制，以【实例】方式复制 2 组，如图 4-16 所示。

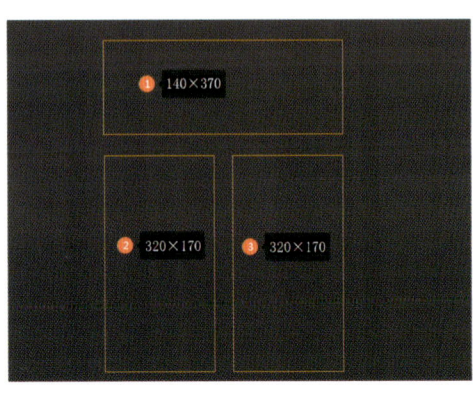

图 4-15　创建三个矩形 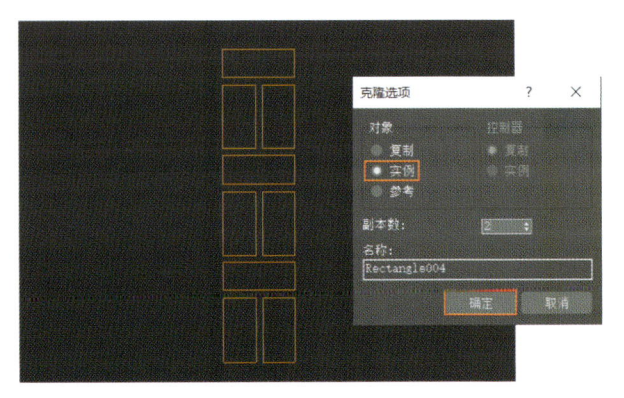　　　　　　　图 4-16　复制矩形

（4）前视图：选择最上面的矩形，沿着Y轴向下复制1个，如图4-17所示。

（5）将其中任意一个矩形复制出来，修改参数长度为320、宽度为170，移动并捕捉到正确位置，再次沿着Y轴向下复制并修改参数，移动到合适位置。如图4-18所示。

图 4-17　继续复制　　　　　　　　图 4-18　制作右侧矩形

（6）把最后一列矩形向右复制，错开摆放，并修改上下2个矩形的尺寸。这里矩形尺寸如果不合适可以微调，参考图4-19，原则上整体造型和谐美观即可。

（7）前视图：框选最右边两列矩形，按【Shift】键，沿着X轴向左复制，并单击【镜像】按钮，完成效果如图4-20所示。

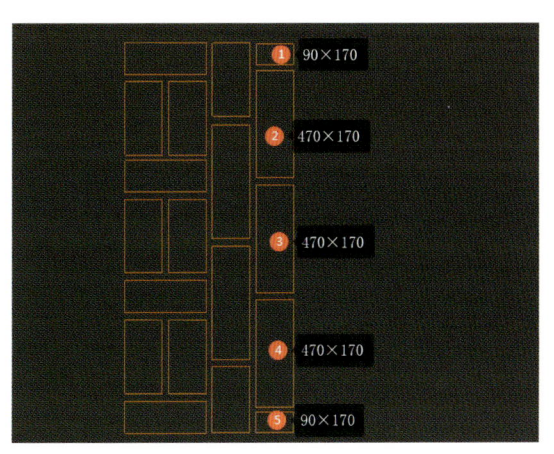

图 4-19　制作出最右侧的矩形　　　　图 4-20　镜像复制到另一面

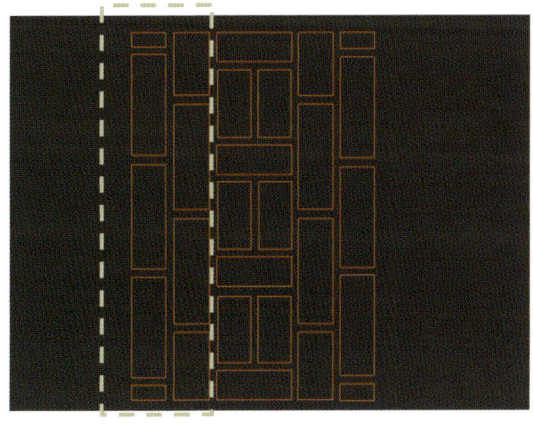

（8）在前视图再绘制一个大矩形，进入【修改】命令面板，修改参数尺寸为1 800×1 250，如图4-21所示。

（9）选择大矩形，单击鼠标右键，在快捷菜单中选择【转化为可编辑样条线】，在【修改】命令面板【几何体】卷展栏中选择【附加多个】，在弹出的对话框中全选矩形。单击【附加】后，所有矩形成了一个整体，如图4-22所示。

（10）选择附加到一起的图形，单击【修改】命令面板中的【挤出】按钮，数量为60，形成立体花窗格，如图4-23所示。

（11）制作窗框：再次绘制一个大矩形1 800×1 250（可以捕捉花窗格最外面的点绘制矩形），单击鼠标右键转化为样条线，进入【样条线】层级，选择线，执行【轮廓】命令，轮廓值输入-60。

然后执行【挤出】命令，数量为80。效果如图4-24所示。

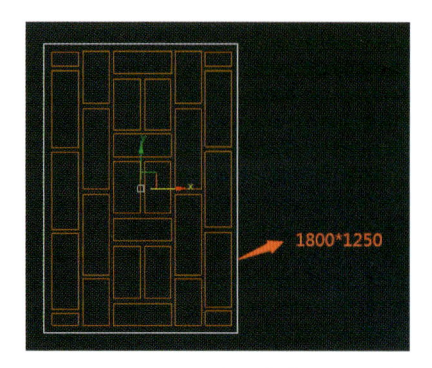

图4-21 创建一个大矩形

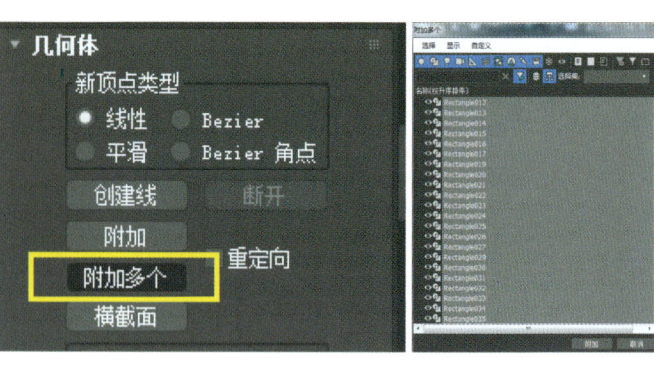

图4-22 【附加多个】命令的使用

图4-23 添加【挤出】命令后的效果

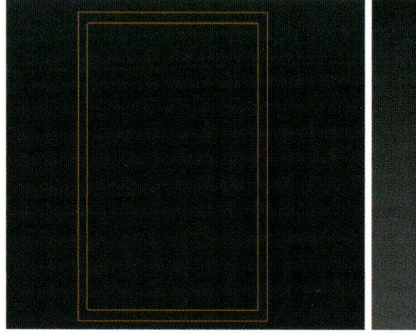

图4-24 完成效果

素质提升

　　通过阅读中国曾被米兰家具展拒之门外到被允许参展的资料，以及观看明式家具讲解视频、世界经典家具与中国传统家具的渊源，激发对传统文化的喜爱，对传统家具与室内装饰文化进行传承与创新，增强民族自信。

　　中国曾被"米兰家具展"拒之门外？请扫描二维码观看素材。讨论以下问题。

　　（1）中国曾被米兰家具展拒之门外，又被允许参展，原因是什么？

　　（2）谈谈你对中国传统文化的认识。

　　中国传统文化博大精深，请扫描二维码观看"明式家具""世界经典与中国古典家具"等视频，思考以下问题。

　　（1）"我们向欧洲和世界学习，而欧洲和世界向中国学习"，对此你怎么看？

　　（2）你知道"中国明清家具中的明星"吗？明代家具设计理念是什么？

| 图文：中国与米兰家具展 | 视频：米兰家具展 | 视频：明式家具 | 视频：世界经典设计与中国传统家具 |

评价、巩固与拓展

| 阶段测试 | 学习评价 | 视频：装饰画的悬挂方法 |

PROJECT FIVE

项目五 可编辑多边形建模

任务单

项 目	内 容
任务描述	大连市开发区某住宅需要装修，前期沟通方案为现代风格，先提供客厅效果图方案。请根据学习的【可编辑多边形】等命令，开始客厅效果图模型的制作
任务要求	（1）运用【挤出】【可编辑多边形】等命令，制作客厅模型； （2）使用提供的户型框架，前期完成模型部分； （3）分析和讨论制作方法与思路
学习目标	1. 知识目标 （1）【可编辑多边形】命令的应用； （2）所有建模方法的综合应用。 2. 能力目标 （1）能够熟练使用【可编辑多边形】命令制作相对复杂的模型； （2）能够灵活分析出多种制作思路。 3. 素质目标 （1）学会具体问题具体分析； （2）有创新精神和自我探究能力； （3）培养学生对新资讯、新材料、新技术等的捕捉与学习能力
辅助学习	超星在线学习课程、微视频、图片、拓展学习等

项目五 可编辑多边形建模 049

任务一 【可编辑多边形】命令及参数

【可编辑多边形】是实体建模修改命令里面最重要的，将一个几何体转换成可编辑多边形，可大大减少物体面数，机器运行速度加快，提高工作效率。【可编辑多边形】（Editable poly）是对所有实体进行点、边、面等方面的编辑修改，从而改变物体形状。

一、三维实体转为可编辑多边形的方法

将一个几何体转化为可编辑多边形后，原来的物体参数就不存在了，变成了 5 个子层级，分别是顶点、边、边界、（多边形）面、元素，快捷键分别是【1】【2】【3】【4】【5】。掌握快捷键很重要。

■ 操作步骤

（1）单击【创建】按钮，在【创建】命令面板中单击【几何体】按钮 ，选择 标准基本体 选项，再单击【长方体】按钮 长方体 ，在前视图中创建一个任意大小的长方体。

（2）选择【长方体】，单击鼠标右键，在快捷菜单中选择【转换为】→【转换为可编辑多边形】命令。

（3）单击【修改】按钮 ，进入【修改】命令面板，可以看到可编辑多边形的 5 个子层级，如图 5-1 所示。

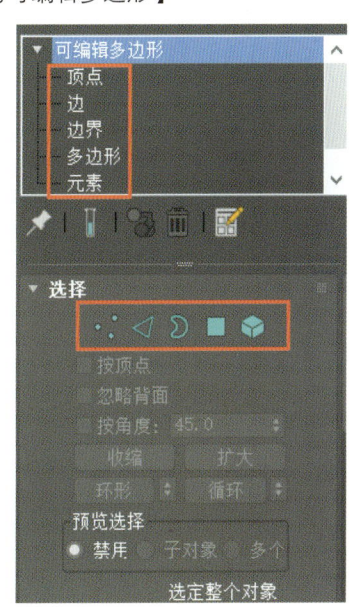

二、【顶点】层级重要命令（只能对顶点进行编辑）

（1）移除：移除没用的点，删除后不影响整体结构。结构点不能去掉。（不能用键盘删除键删除，只能单击【修改】命令面板中的 移除 按钮进行删除。）

（2）打断：将一个顶点打断，变成可开合的重叠的顶点。

（3）挤压：有挤压高度和底部开口大小两个参数。

（4）焊接：与打断相反，焊接断开的点，有允许焊接的最大范围。

（5）倒直角：即切角。

（6）连接：连接两点产生连线（两点中间不能有任何连线）。按【Ctrl】键选择两个点后，单击【连接】按钮。

（7）附加：单击【附加】按钮，可以将各自独立的几何体附加成一个整体。

（8）切割：在物体上表面加线。

以上命令的效果如图 5-2 所示。

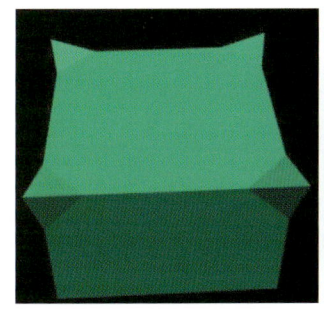

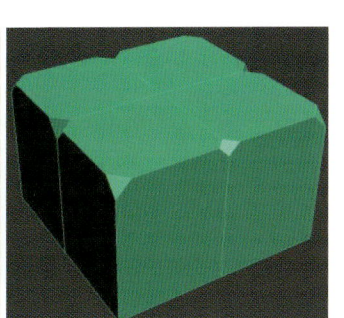

图 5-1 【可编辑多边形】命令的子层级

挤出顶点　　　　　打断顶点　　　　　打断效果

图 5-2 【可编辑多边形】命令的【顶点】层级命令

目标焊接　　　　　　　　　　　连接　　　　　　　　　　　切割

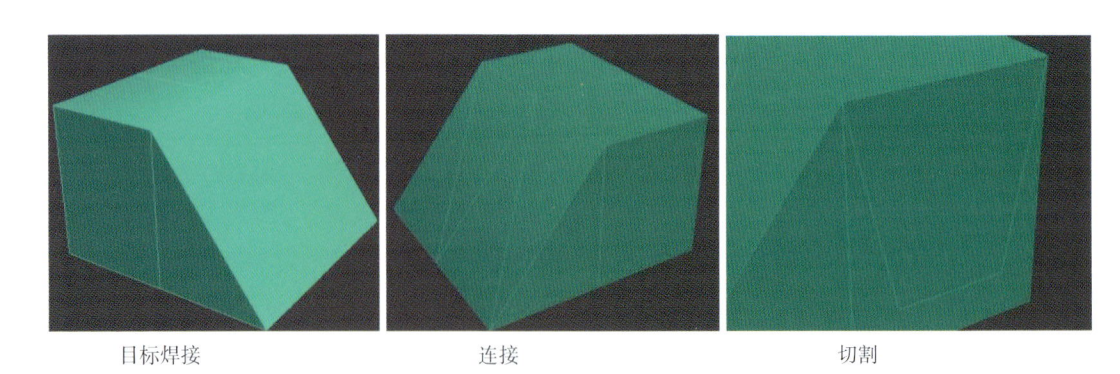

图 5-2 【可编辑多边形】命令的【顶点】层级命令（续）

三、【边】层级重要命令（只能对边进行编辑）

（1）环形：自动选择相邻的边（相邻但不相接）。
（2）循环：将相接的边选中（首尾相接）。
（3）插入点：在线上插入一个顶点。
（4）移除：删除不要的边（不能按键盘的【删除】键删除，只能单击【移除】按钮进行删除）。
（5）挤压：把边进行挤压。
（6）倒角：把边进行倒角，可以多次使用。
（7）连接（平分连线）：两条线之间平分连线。
（8）利用所选内容创建图形：会出现一条新线。

完成以上命令后的效果如图 5-3 所示。

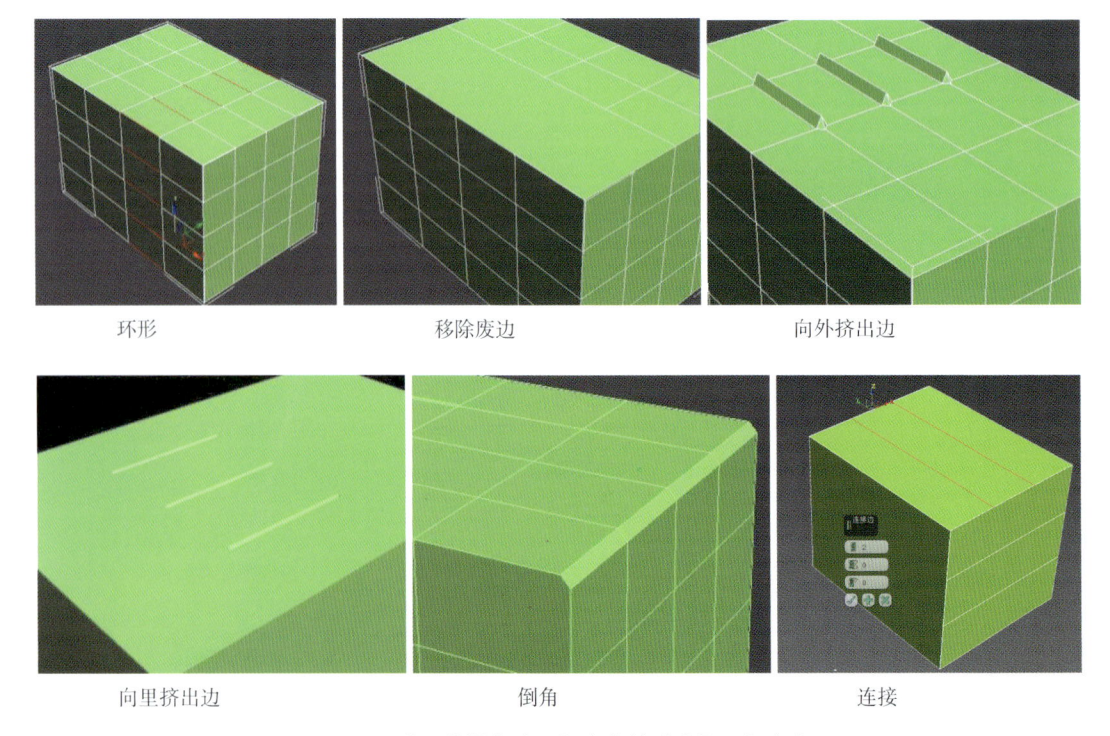

环形　　　　　　　　　　移除废边　　　　　　　　　向外挤出边

向里挤出边　　　　　　　　倒角　　　　　　　　　　连接

图 5-3 【可编辑多边形】命令的【边】层级命令

四、【边界】层级重要命令

只有在物体表面出现缺口时，才会有边界。结合【封口】命令，可以将缺口封闭。单击缺口边缘，显示出一圈红色线，然后在修改器列表中选择【封口】命令，即可完成。使用命令前后效果如图5-4所示。

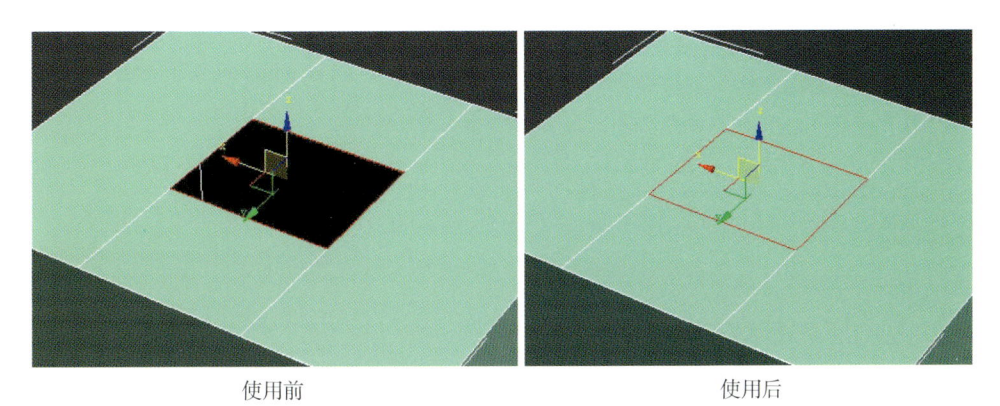

使用前　　　　　　　　　　　　　使用后

图 5-4　使用【封口】命令前后对比

五、【多边形】层级重要命令

（1）挤出：可以将面向内或向外挤出。

（2）倒角：包含高度和轮廓两个参数。

（3）桥接：把两个面连接起来，桥接的两个物体需要附加在一起（按【Ctrl】键加选两个面——单击【桥接】按钮）。

（4）分离：把面分离出来成为单独的对象。

以上命令后的效果如图5-5所示。

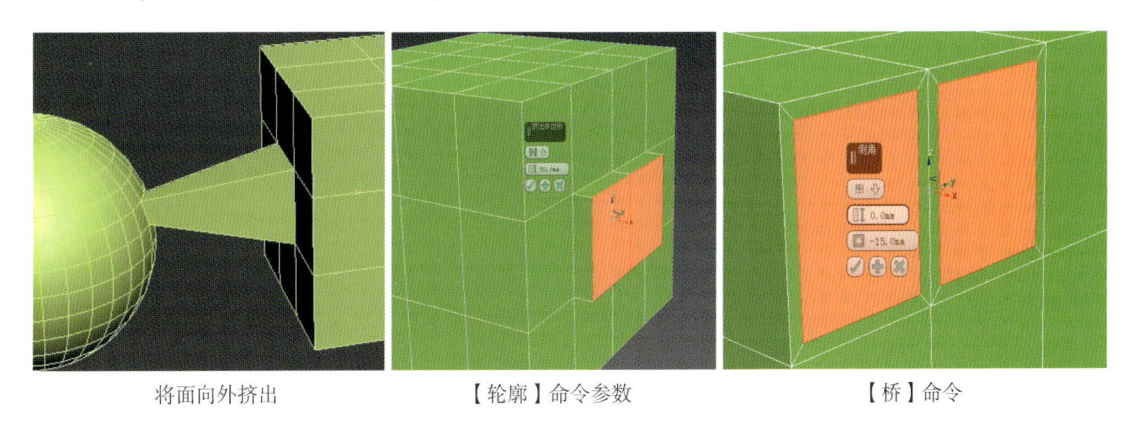

将面向外挤出　　　　　　【轮廓】命令参数　　　　　　【桥】命令

图 5-5　【可编辑多边形】中常用命令

六、翻转法线

将几何体转换成【可编辑多边形】之后，几何体的面数减少，模型是单面显示模式。3ds Max 在每一个面的正面建立了一条垂直线，当它们向外时，模型的正面便向外，而当它们向里时，模型的正面向里。这些控制模型表面方向的线，被称为法线。

修改器列表中包含了【法线】命令，在【多边形】【元素】层级下可以找到【翻转法线】按钮。

■ 操作步骤

（1）单击【创建】按钮➕，在【创建】命令面板中单击【几何体】按钮◯，选择 标准基本体 选项，再单击【长方体】按钮 长方体 ，在顶视图中创建一个任意大小的长方体。

（2）第一种方法：单击【修改】按钮，进入【修改】命令面板，在下拉列表中单击【法线】按钮，如图 5-6 所示。这时长方体变成了黑色。

（3）第二种方法：选择【长方体】，单击右键，在快捷菜单中选择【转换为】——【转换为可编辑多边形】命令。按【5】键进入元素层级，单击长方体，此时长方体呈现红色选中状态。然后单击修改命令面板中【编辑元素】卷展栏下的 翻转 按钮，将法线翻转，如图 5-7 所示。

图 5-6　修改器列表　　　　　图 5-7　【可编辑多边形】元素层级下的【翻转】命令

（4）此时长方体显示为黑色：鼠标右键单击【对象属性】，在弹出的【对象属性】对话框中勾选【背面消隐】选项，单击【确定】按钮。设置与完成效果如图 5-8 所示。

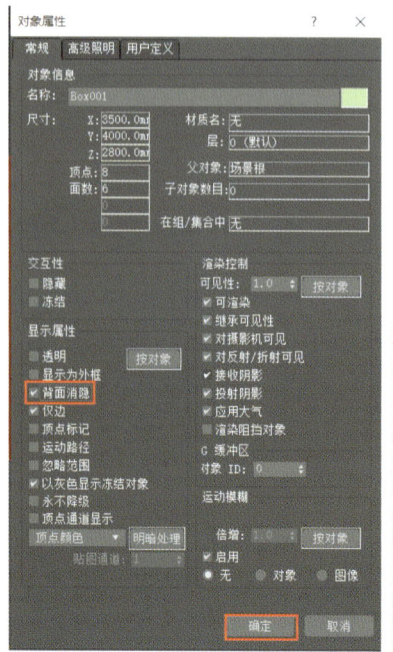

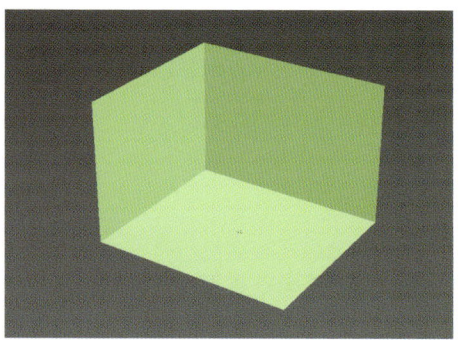

图 5-8　取消 | 背面消隐 | 设置及完成效果

项目五 可编辑多边形建模 053

任务二　客厅模型制作

一、案例解析

梁志天，国际著名建筑师、室内设计师，活跃于建筑设计、室内设计和家具设计领域，他的设计作品以"简约"风格著称，善于将富饶的亚洲文化及艺术元素融入作品中，擅长运用点、线、面元素。他的作品厦门五缘湾一处三层复式大宅的设计，以"至朴"之道再现居者的智慧与丰盈，打造返璞归真的心灵栖息之所。会客区采用双层挑空设计，尺度开阔通透，大面积落地窗将室内景观引入室内。墙面饰以木质长条，轻盈明快，丰富空间节奏，如图5-9和图5-10所示。

微课：客厅模型制作

图 5-9　梁志天厦门五缘湾设计项目 　　　图 5-10　梁志天厦门五缘湾设计项目—客厅

梁志天先生为家人打造的 600 m² 极简房，以对自然破坏最小的方式修建在山林间，同样采用大面积落地窗，引入山景和树影。他希望用最少种类的材料达到最优的效果，即改变组合方式而不是堆叠材料。窗户为三层真空玻璃，增强保温，平衡观景与能源消耗。作品体现了素净明亮、不落俗套、隽永怡神的效果，如图5-11和图5-12所示。

图 5-11　梁志天自住房—客厅 　　　图 5-12　融合了客厅、餐厅、厨房的开放区域

二、客厅类型分析与创新

客厅是家庭的主要活动区域，体现居住者的个性与内涵。常见客厅布局有一字形、L形、围合式、对称式、自由式等布局。根据人们的生活习惯、生活方式，也可分为会客式、亲子型、工作＋休闲型等布局类型。

随着人们生活方式的改变及差异化，传统客厅布局已经不能满足人们的需要。去客厅化设计逐渐被认可，根据人们的生活习惯，打破电视是客厅中心位置的习惯做法，以营造更自由的空间。改变"电视＝电器"的认知，利用电视可移动、电视＝装饰画、电视换为投影等方式，将电视边缘化；无电视客厅设计，可以增加家人之间的互动，让生活更自律，如图 5-13 ~ 图 5-17 所示。

图 5-13　融合了客厅、餐厅、厨房的开放区域 1 　　　图 5-14　融合了客厅、餐厅、厨房的开放区域 2

图 5-15　融合了客厅、餐厅、厨房的开放区域 3

图 5-16　融合了客厅、餐厅、厨房的开放区域 4 　　　图 5-17　融合了客厅、餐厅、厨房的开放区域 5

三、客厅模型制作（以下单位均为 mm）

制作各空间墙体，先在 AutoCAD 中整理出墙（删除文字、标注等），在 CAD 图纸的基础上，绘制封闭线→执行【挤出】命令→转化为可编辑多边形。建模方法不是固定的，操作越熟练越能灵活选择最优的建模方法。

（1）客厅墙体制作：启动 3ds Max 2018 中文版，执行【自定义】→【单位设置】命令，设置好单位，做好准备工作。

（2）执行【文件】→【导入】命令，导入【素材资源/项目五：客厅平面.dwg】CAD 文件→

【Ctrl】+【A】全选→成组→按【F12】键，在弹出的【移动变换输入】框中将绝对坐标改为（0，0，0），然后单击鼠标右键在快捷菜单中选择【冻结当前选择】。完成效果如图 5-18 所示。

（3）按【S】键打开捕捉，选择【2.5 维】捕捉。右键单击【捕捉工具】按钮，在【选项】选项卡中勾选【捕捉到冻结对象】【启动轴约束】【显示橡皮筋】，如图 5-19 所示。

（4）开始绘制内墙线（遇到门窗留点，退回时按【Backspace】键，即退格键），绘制完成后效果如图 5-20 所示。

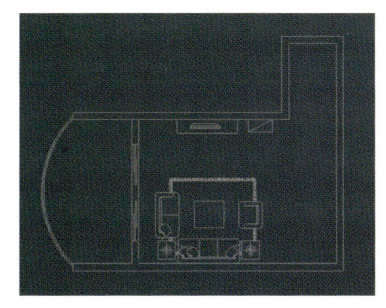

图 5-18　导入平面图　　　图 5-19　捕捉设置　　　图 5-20　绘制内墙线

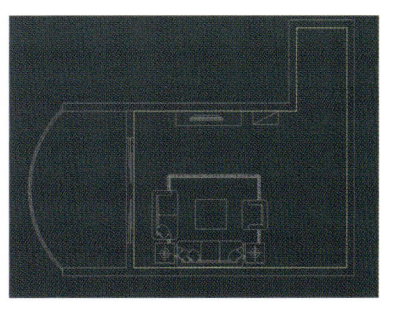

（5）选择绘制的墙线，执行【挤出】命令，数量为 2 800，选择形成的几何体，单击右键转为可编辑多边形，按【5】键进入【元素】层级，选择场景中的墙体，单击【翻转】按钮，如图 5-21 所示。此时取消选择几何体，显示为黑色。选择墙体单击右键，然后单击快捷菜单中【对象属性】，在弹出的对话框中勾选【背面消隐】。

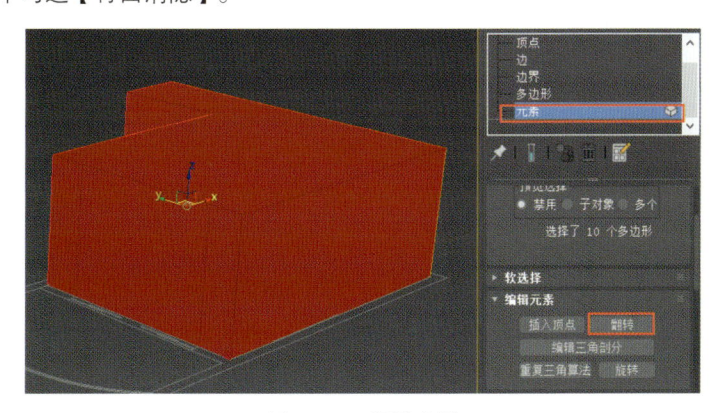

图 5-21　翻转法线

（6）客厅推拉门洞口：按【2】键进入【线段】层级，选择两条竖向的窗户线，然后单击鼠标右键，再单击【连接】，连接出一条线。操作过程如图 5-22 所示。

（7）选择连接出来的线，在状态栏的【绝对模式】下，在 Z 轴输入 2 200，按【Enter】键，如图 5-23 所示。

图 5-22　连接出一条水平线　　　图 5-23　移动到 2 200 高度

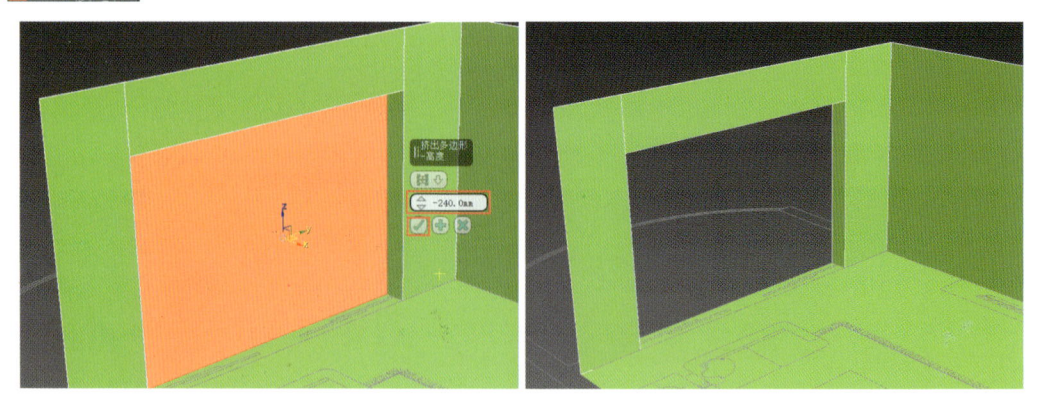

（8）按这【4】键进入【面层】级，选推拉门处的面，单击鼠标右键，再单击【挤出】旁的按钮，挤出数量为 -240，按【Delete】键删除面。完成效果如图 5-24 所示。

图 5-24　挤出面并删除

（9）客厅推拉门及门框制作：按【S】键开启捕捉，在左视图绘制矩形 2 200×800，为了便于观察按【Alt】+【Q】快捷键孤立显示，单击鼠标右键，转换为可编辑样条线，按【3】键进入【样条线】层级，选择样条线，在【轮廓】按钮后输入 60，按回车键。完成效果如图 5-25 所示。

（10）选择推拉门框线，执行【挤出】命令，数量为 50。按【T】键切换到顶视图，移动位置与平面图一致。再开启捕捉，按【Shift】键，捕捉复制一个，如图 5-26 所示。

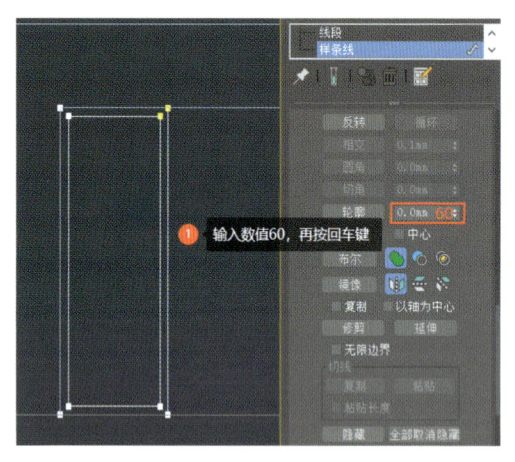

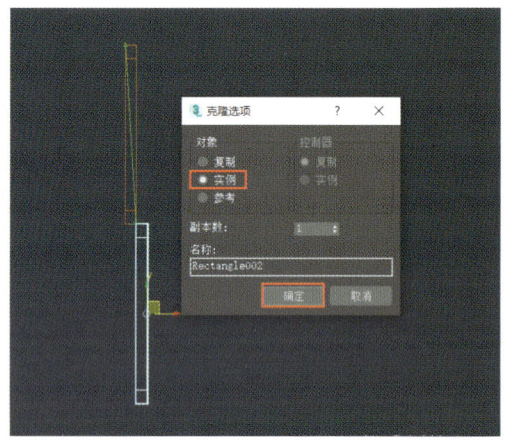

图 5-25　轮廓出窗框　　　　　图 5-26　在顶视图复制一个

（11）切换到左视图，选择两个门框，按【Shift】键，沿 X 轴向右复制，并捕捉对齐，如图 5-27 所示。

图 5-27　在前视图复制另外一组门框

（12）在前视图选择后面复制的两个推拉门框，单击工具栏的【镜像】按钮，保持默认，然后单击【确定】按钮，如图 5-28 所示；也可在顶视图单击【镜像】按钮，但在弹出的对话框中选择沿着 X 轴镜像。

图 5-28　将另外一组推拉门镜像

（13）制作吊顶：退出孤立显示，在顶视图使用【直线】命令描绘内墙线。为了便于观察孤立显示，接着绘制一个矩形，修改参数长度为 3 200、宽度为 4 200。选择第一条墙线，单击鼠标右键执行【附加】命令，将矩形附加到一起，然后执行【挤出】命令，挤出数量为 60。效果如图 5-29 所示。

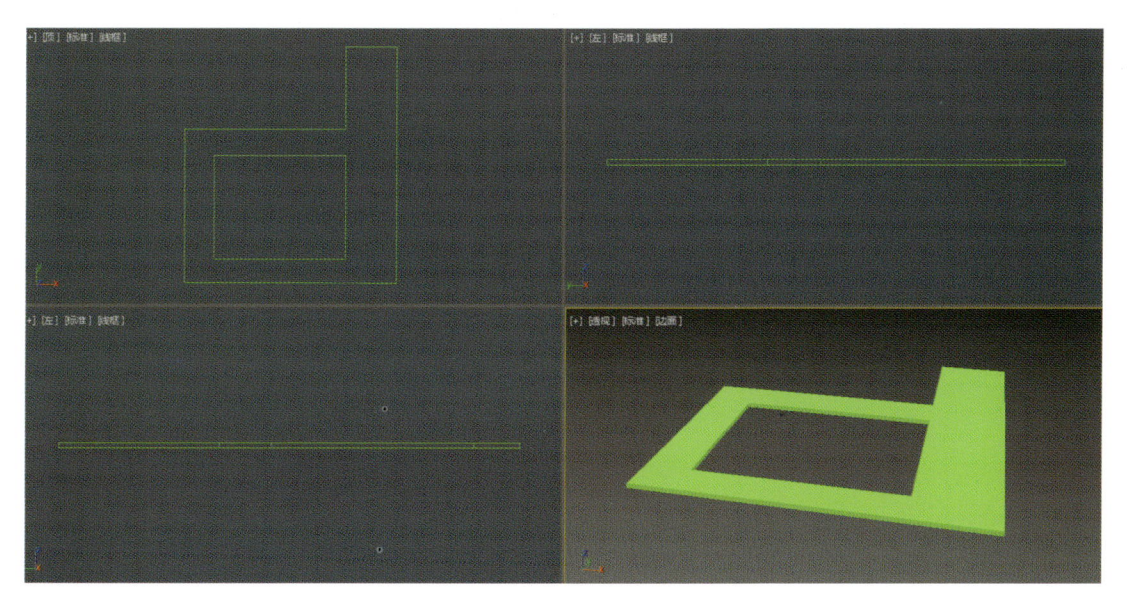

图 5-29　吊顶完成后效果

（14）为了留出窗帘盒的位置，要进行调整，将吊顶转化为可编辑多边形，按【1】键进入【点层】级，选择左侧顶点，按【F12】键打开【移动变换输入】对话框，在相对坐标的 X 轴输入 180，顶点向右移动 180。设置如图 5-30 所示。

（15）退出孤立状态，这时吊顶在地面上，将其移动到顶面，然后向下移动 80，如图 5-31 所示。

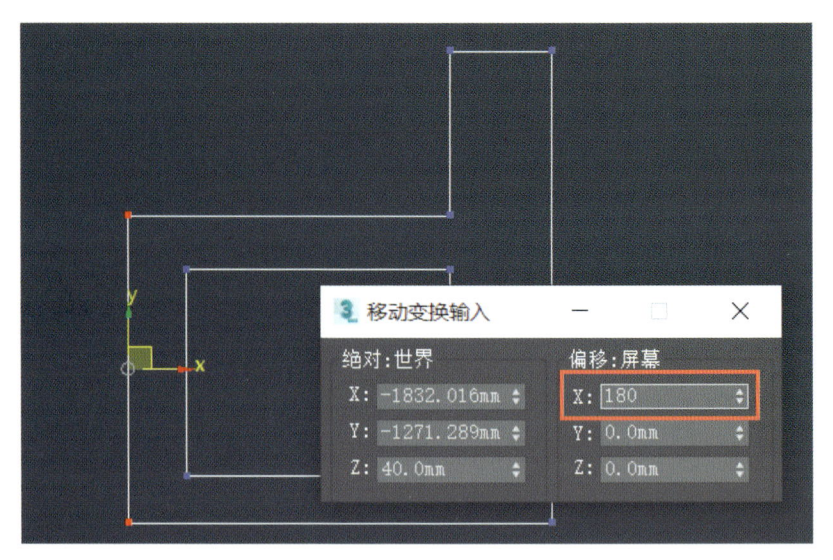

图 5-30　移动左侧顶点留出窗帘盒位置

图 5-31　吊顶完成后效果

（16）最后执行菜单栏【文件】→【另存为】命令，将此场景保存为【客厅.max】文件。

素质提升

　　通过观看"时尚、博主、说客厅"和"The Serif 画框电视"视频，打破习惯性思维，提高创新意识，设计以人为本，养成关注生活、善于观察的良好习惯。
　　客厅是一个家庭活动的核心区域，也能体现出居住者的个性和审美。请扫描二维码观看视频，思考以下问题。
　　（1）你印象中的客厅是什么样的？客厅的中心位置一定是电视吗？
　　（2）人们的生活习惯不同，是否都需要同一种客厅布置？
　　电视是很多家庭生活中必不可少的家用电器，请扫描二维码观看视频，思考以下问题。
　　（1）视频中的电视与常见的电视有什么不同？
　　（2）视频中的电视消解电视的中心地位，这样的创新设计适合有哪些生活习惯的人？

项目五　可编辑多边形建模　059

视频：时尚博主说客厅

视频：THE SERIF 画框电视

◉ 评价、巩固与拓展

阶段测试

学习评价

视频：衣柜结构与尺寸

微课：玄关柜的制作

模块三
VRay 灯光与材质

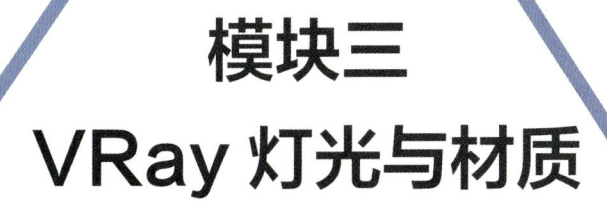

PROJECT SIX

项目六　制作自然光

任务单

项　目	内　容
任务描述	人们非常重视自然光的应用，无论是从健康的角度还是从低碳环保的角度，室内空间充分利用自然光非常重要。而光进入空间的方式，也成为建筑师、设计师们进行艺术创造和表达设计想法的主要手段。请根据所学灯光的知识点，为客厅制作自然光。 请你在学习基础操作的基础上，设置界面，帮小刘完成对单人沙发的一系列操作
任务要求	（1）设置【VRay】面板测试阶段参数； （2）使用【VRayLight】灯光制作天空光； （3）使用【VRaySun】制作太阳光
学习目标	1. 知识目标 （1）【VRay】面板及测试阶段参数； （2）【VRayLight】灯光类型； （3）【VRaySun】灯光参数。 2. 能力目标 （1）能够制作太阳光效果； （2）能够制作天空光效果。 3. 素质目标 （1）培养学生善于观察和思考，以及勤于练习的习惯； （2）合理设计灯光，具有利用自然光的节约理念； （3）了解灯光的健康知识，科学设计灯光； （4）关注社会，具有低碳环保的设计理念
辅助学习	超星在线学习课程、微视频、图片、优秀设计网站等

任务一 VRay 渲染器面板设置

3ds Max 自带的默认线扫描渲染器不易用，通常不使用线扫描，而使用很多公司开发的外挂在 3ds Max 下的渲染器插件。VRay 渲染器是保加利亚的 Chaos Group 公司开发的一款高质量渲染引擎，具有较高的渲染质量和较快的渲染速度。VRay 可用于建筑设计、灯光设计、动画渲染等多个领域，是目前效果图制作较为流行的渲染器，如图 6-1 所示。

图 6-1 VRay 渲染案例

一、指定渲染器

本项目将对 VRay 渲染器进行讲解。安装好 VRay 渲染器之后，若使用 VRay 渲染器，需要将其指定为当前渲染器。

■ 操作步骤

（1）启动 3ds Max 2018 中文版。

（2）按【F10】键，打开【渲染设置】对话框，单击【渲染器】右侧三角形按钮，在下拉列表中，选择【V-Ray Adv 3.60.03】，如图 6-2 所示。渲染面板中包含【公用】【V-Ray】【GI】【设置】【Render Elements】（渲染元素）5 大选项卡，下面讲解如何设置测试阶段的渲染参数。

二、设置初始阶段【渲染面板】参数

1.【V-Ray】选项卡

（1）【授权】：简单了解即可。安装 VRay 的相关说明、路径介绍等。

（2）【关于 VRay】：简单了解即可。显示 VRay 版本的情况。

（3）【帧缓存区】：勾选【启用内置帧缓存区】，

图 6-2 调用 VRay 渲染器

可以使用VRay的渲染窗口，也可以继续使用3ds Max自带的渲染窗口，根据使用者习惯选择；【内存帧缓冲区】一般保持勾选，不勾选则不显示渲染窗口。可以单击右边的【显示最后的虚拟帧缓冲区】查看渲染效果。

（4）【全局开关】：有基本模式、专家模式、高级模式三种模式，下面以高级模式为例：

①【置换】【强制背面消隐】：保持默认状态。

②【灯光】：一般保持默认状态。场景中所有灯光的总开关，即是否启用场景中的灯，取消勾选后场景中设置的灯光不起作用。

③【阴影】：是否让场景中物体经过照射产生阴影，一般保持勾选状态。

④【反射/折射】：是否启用材质的反射和折射效果。打灯阶段，可以取消勾选。一般默认勾选即可。

⑤【覆盖材质】（Override）：是否用一个材质代替所有材质，初始阶段可用。

（5）【图像采样】。

①【渐进】模式：渲染速度快，适合测试阶段。

②【块】模式：渲染速度慢，图像质量好，适合出图阶段。对应【块图像采样器】中的最大细分，控制噪波的参数，值越小，画面杂点越多；值越大，画面效果就更好，杂点少。同时，其对速度影响较大。测试时可以设置为4，出大图时可以设置为10~32，画面质量较好。

另外，想解决杂点问题，可以在【渲染元素】中添加降噪器。

（6）【图像过滤】：主要影响图像图形边缘清晰或模糊。其测试阶段可以不勾选，出大图时勾选。Mitchell-Netrzvali是效果较为模糊的模式，适用于室内；Catmull-Rom模式是边缘锐利清晰的效果，建议室内效果图用。具体可以根据自己想表达的目的选择。

（7）【全局DMC】：影响到画面的黑斑（水波纹）。在测试阶段【自适应数量】可以是默认值或设置为0.97，此时速度较快。出图时可以将【自适应数量】（值越大品质越低）设置为0.7、0.85，【噪波阈值】改为0.002。

（8）【颜色贴图】（也称颜色映射）：控制曝光模式。

①【线性曝光】：明暗对比明显。

②【指数曝光】：不易曝光，对比弱。

③【莱因哈德】：【加深值】为1时效果等同于线性曝光效果，为0时相当于指数曝光，因此通常可以设置为0.5左右，就综合了线性和指数曝光的两种效果。模式设置为高级模式时，伽玛值应设置为2.2，同时【自定义】→【首选项】→【Gamma和LUT】选项卡中勾选【启用Gamma和LUT校正】。

☞ 技巧：一般选择【指数曝光】模式即可。如果选择【莱因哈德】模式，一定修改【加深值】，伽玛值为2.2（让画面没有死黑，更能体现材质质感），【自定义】菜单中要勾选相应的选项，伽马值和渲染面板中要一致。如图6-3所示。

2.【GI】选项卡

（1）全局光照：GI是Global Illumination的简称，模拟真实世界的光线传递效果。不仅计算从光源处照射出的光线（直接光线），也计算光线照射到物体后向四周反射出去的光线（间接光线），并且光线反弹 n 次，直到光线终止传递，渲染出的图像比没有全局光照的渲染器更为真实。

①首次引擎（一次反弹）：控制光线首次照射的强度和计算模式，主要体现在图像亮处。

②二次引擎（二次反弹）：控制光线经过物体表面二次反弹后光的计算模式和强度。主要体现在图像暗部的亮度强弱。

室内效果图渲染引擎常用组合，首次引擎选择【发光贴图】，二次引擎选择【灯光缓存】。

（2）【发光贴图】：控制场景的材质纹理效果。其仅计算场景中能看见的面，而看不到的其他面不计算，因此计算速度相对较快，尤其适合有大量平坦表面的场景。测试小图可以选择【非常低】，出大图阶段可以设置为【中】或自定义；【细分】和【插值采样】测试时可以保持默认，出图时可以为 50~80。

（3）【灯光缓存】：对摄像机可见部分进行计算，然后把灯光信息储藏到一个三维数据结构中。细分值对图像的质量和渲染速度影响最大。数值越低，渲染速度越快，图像质量越差；数值越大，渲染速度越慢，图像质量越好。【GI】面板参数设置如图 6-4 所示。

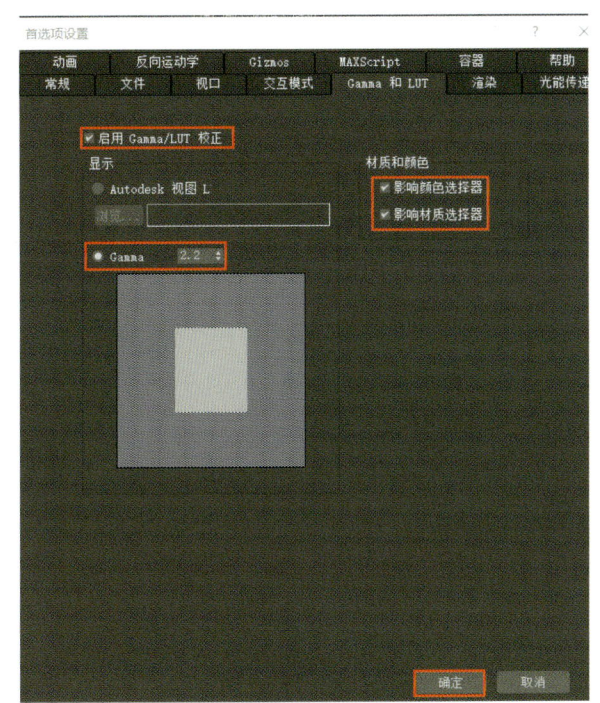

图 6-3　勾选自定义中的伽玛值选项　　　图 6-4　【GI】面板参数设置

3.【设置】

（1）【序列】：可以选择渲染的顺序，如从上到下，或者从下到上；从左到右，或者从右到左。

（2）【日志窗口】：一般改成【从不】（对渲染效果不产生作用，仅仅不显示渲染消息窗口）。

■ 测试阶段渲染面板设置操作步骤

（1）按【F10】键打开渲染面板。

（2）单击【V-Ray】选项卡，【图像过滤】卷展栏中，取消勾选【图像过滤器】。

（3）单击【图像采样（抗锯齿）】卷展栏中的【类型】，选择【渐进】类型。

（4）单击【渐进图像采样器】卷展栏，最小采样为 1，最大采样改为 4，渲染时间可以默认，噪波阈值可以为默认的 0.005，也可修改为 0.01。

（5）单击【GI】选项卡，将【首次引擎】改为【发光贴图】，【二次引擎】改为【灯光缓存】，倍增值可以保持模式，也可以在打灯过程中适当调整。注意一个原则，二次引擎的倍增值不能超过首次引擎的倍增值。

（6）单击【发光贴图】卷展栏，【当前预设】选择【非常低】，其他可以保持默认。

（7）单击【灯光缓存】卷展栏，【细分值】可以修改为 200 或 300 等，也根据机配置及速度确定。

(8)单击【设置】选项卡,【系统】卷展栏中的【序列】可以自己选择一种渲染顺序。【日志窗口】选择【从不】。

以上设置如图 6-5 所示。

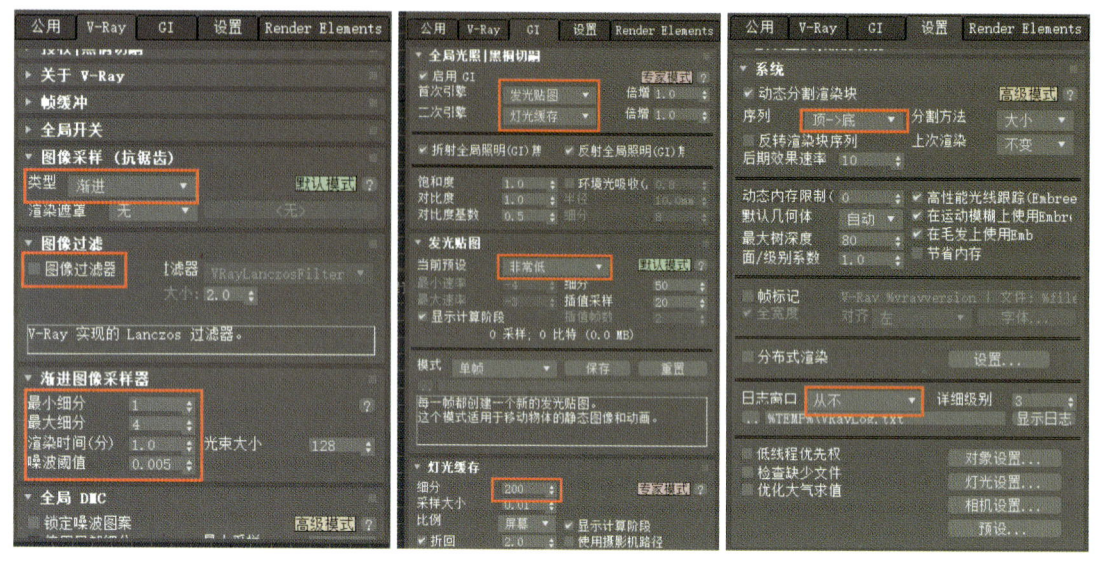

图 6-5　测试阶段渲染面板设置

任务二　VRay 灯光类型与参数

VRay 灯光中主要学习【VRayLight】与【VRaySun】两种灯光类型的参数及修改方法。单击 按钮,在下拉菜单选择【VRay】,可以看到对象类型中有【VRayLight】与【VRaySun】命令按钮。如图 6-6 所示。

一、【VRayLight】

【VRayLight】主要参数包括灯光的长与宽,控制灯光面积大小;【倍增器】控制灯光的强度,默认为 30,通常需要改为小的数值。【颜色】可以改变灯光的颜色;【不可见】选项决定灯片本身是否显示为发光。勾选【双面】选项,VRayLight 灯光两个面都发光。面板参数如图 6-7 所示。

图 6-6　【VRayLight】与【VRaySun】按钮位置

二、【VRaySun】

【VRaySun】能模拟物理世界里的真实阳光,灯光主要参数【强度倍增】值默认为 1.0,一般设置为 0.02 左右。【大小倍增】可以让阴影的边缘模糊、虚化,一般设置为 5~10。【过滤颜色】可以根据要渲染的氛围(如清晨、黄昏等)设置淡蓝色或淡黄色。如图 6-8 所示。

图 6-7　【VRayLight】的参数

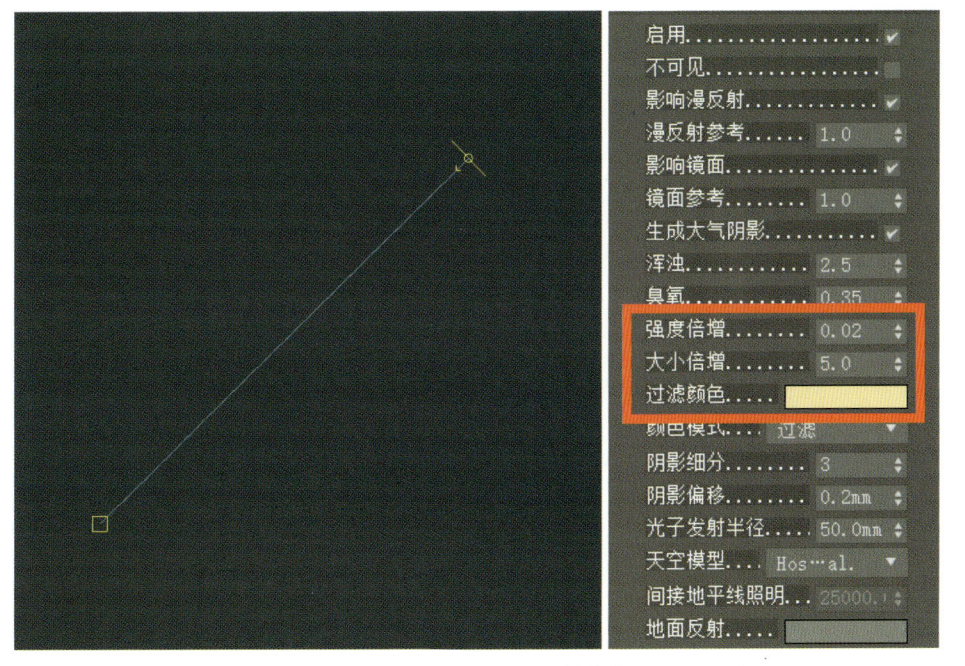

图 6-8　【VRaySun】的参数

任务三　【VRayLight】制作天空光

通过本实例学习【VRayLight】的使用方法和参数修改，经过渲染得到真实效果，目的是对 VR 灯光有基本的学习。天空光效果图如图 6-9 所示。

■ 操作步骤

（1）启动【素材资源 / 项目六：客厅模型 .max】文件。

（2）单击 按钮，在下拉列表中选择【VRay】，再单击 VRayLight 按钮，在前视图推拉门洞口处拖曳鼠标光标，创建一个与推拉门洞口大小相近的【VRayLight】灯光。

（3）在顶视图，点选创建的灯光，单击主工具栏中的【镜像】按钮，在弹出的【镜像】对话框的【镜像轴】中选择 Y 轴，勾选【不克隆】，单击【确定】按钮，使箭头方向朝向室内，然后将 VRayLight 移动到窗外，如图 6-10 所示。

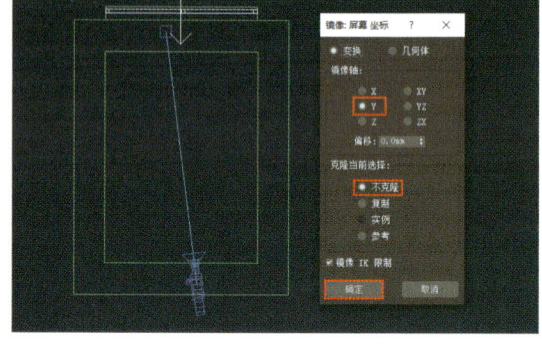

图 6-9　VRayLight 灯光效果图　　　　图 6-10　将 VR 灯光翻转朝向室内

（4）确定灯光处于选中状态，单击 （【修改】命令面板）按钮，【修改】命令面板【一般】卷展栏中【倍增器】30 改为 2，【颜色】修改为淡蓝色。在【选项】卷展栏中勾选【不可见】。设置如图 6-11 所示。

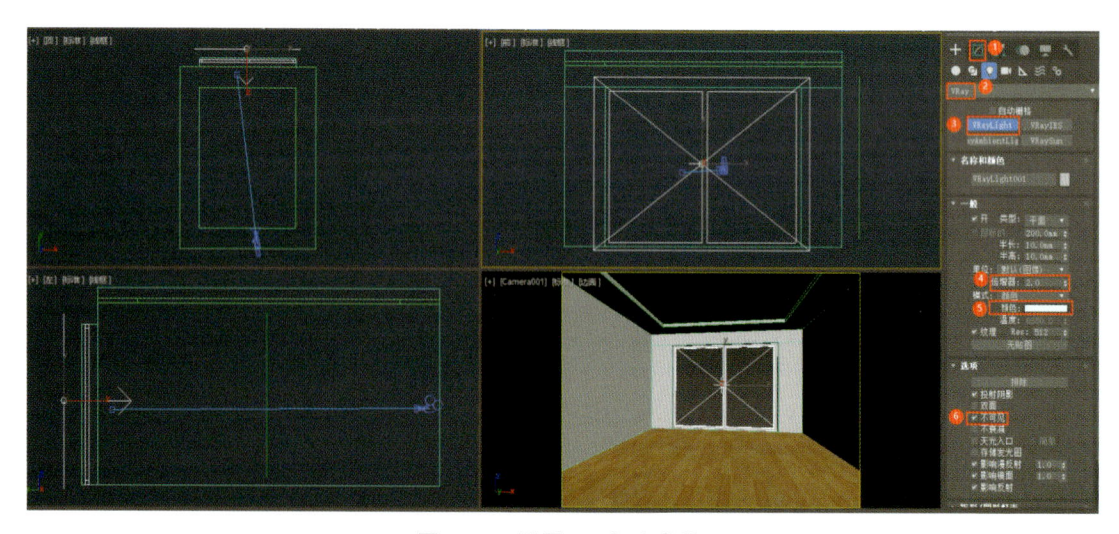

图 6-11　设置 VR 灯光参数

技巧与经验：注意 VRayLight 灯光创建后的默认倍增器数值为 30，是曝光的效果，一定修改为 3 左右的低值。勾选【不可见】选项，灯光颜色可修改为淡蓝色。

（5）按照【测试阶段参数设置】，设置好 VRay 渲染面板的数值，单击【渲染】按钮，渲染透视图，设置如图 6-12 所示。

（6）执行菜单栏【文件】→【另存为】命令，将此效果图保存为【客厅 + 天空光 .max】文件。

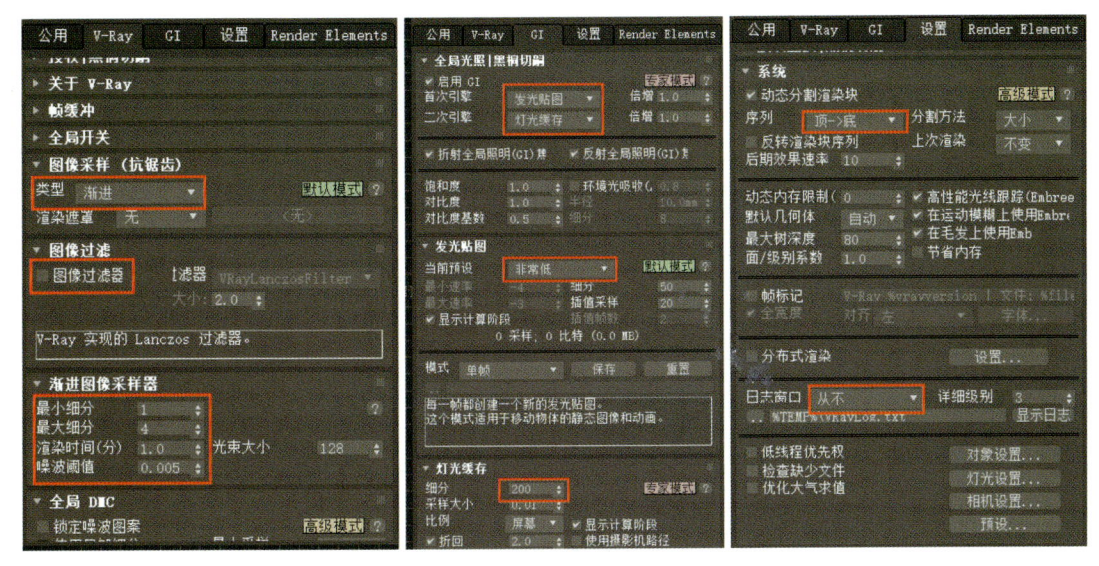

图 6-12 测试阶段渲染面板设置

任务四 【VRaySun】制作太阳光

一、案例解析

美国密斯·凡·德·罗的范斯沃斯住宅使用大面积玻璃幕墙，最大限度地扩大采光面积，赋予建筑简单、纯粹的透明性，展现了"少即是多"的思想（图 6-13、图 6-14）。阿尔瓦·阿尔托（Alvar Aalto）设计的维堡图书馆，室内空间漫反射形成的采光效果极其惊艳。阅览大厅顶部布置了 57 个采光井，光线通过层层过滤，柔和、均匀地弥漫在空间中，营造不受阴影干扰的明亮阅读环境，如图 6-15、图 6-16 所示。

图 6-13 范斯沃斯住宅外观

图 6-14 范斯沃斯住宅内部空间光线效果

自然光有助于创造健康低碳、舒适健康的空间。建筑师通常通过折射、直射、反射等多种形式，结合不同的建筑立面形态，让建筑随着时间的变化，形成多样的艺术效果。自然光线的照射角度、照射时间都对室内产生很大影响，强化了空间的艺术氛围，如图 6-17 所示。

图 6-15 维堡图书馆阅览大厅 　　图 6-16 维堡图书馆内部采光

图 6-17 维堡图书馆内部采光

二、太阳光制作

通过本实例讲解【VRaySun】的使用方法和参数修改，经过渲染得到真实的太阳光效果，从而对【VRaySun】有一个基本的学习和了解，用【VRaySun】表现太阳光效果图，如图 6-18 所示。

（1）启动项目六中保存的【客厅 + 天空光 .max】文件。

（2）单击 按钮，在下拉列表中选择【VRay】，再单击 VRaySun 按钮，在顶视图单击鼠标左键并拖曳，松开鼠标，弹出【V-Ray 太阳】对话框，设置如图 6-19 所示，单击【是】按钮，创建 VR Ray Sun。

图 6-18 灯光完成效果 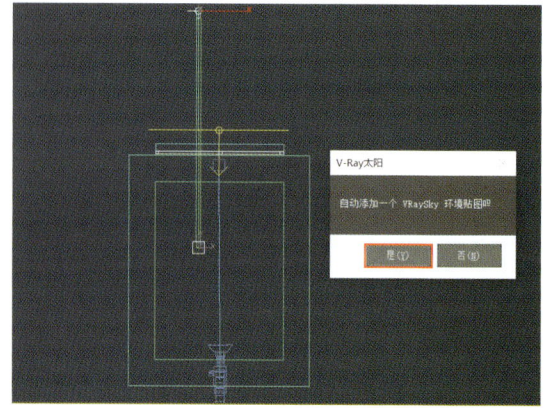　　图 6-19 创建 VRaySun

（3）在左视图和顶视图调整太阳光的位置与照射，效果如图 6-20 所示。

图 6-20 调整太阳光的角度

（4）确定灯光处于选中状态，单击 按钮（【修改】命令面板），【修改】命令面板中【强度倍增】设置为 0.02，【大小倍增】设置为 5，目的是让阴影的边缘比较虚，参数设置如图 6-21 所示；也可以将太阳光颜色修改为淡黄色，使其具有暖光的倾向。

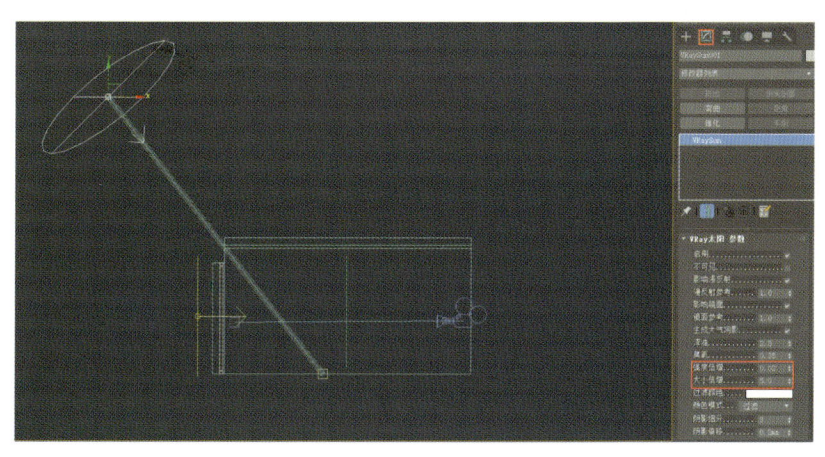

图 6-21 VR 太阳光参数设置

（5）设置【V-Ray】面板渲染参数，按【F10】键，打开【渲染设置】对话框，然后将 VRay 指定为当前渲染器。

（6）设置 VRay 的渲染参数，如图 6-22 所示。

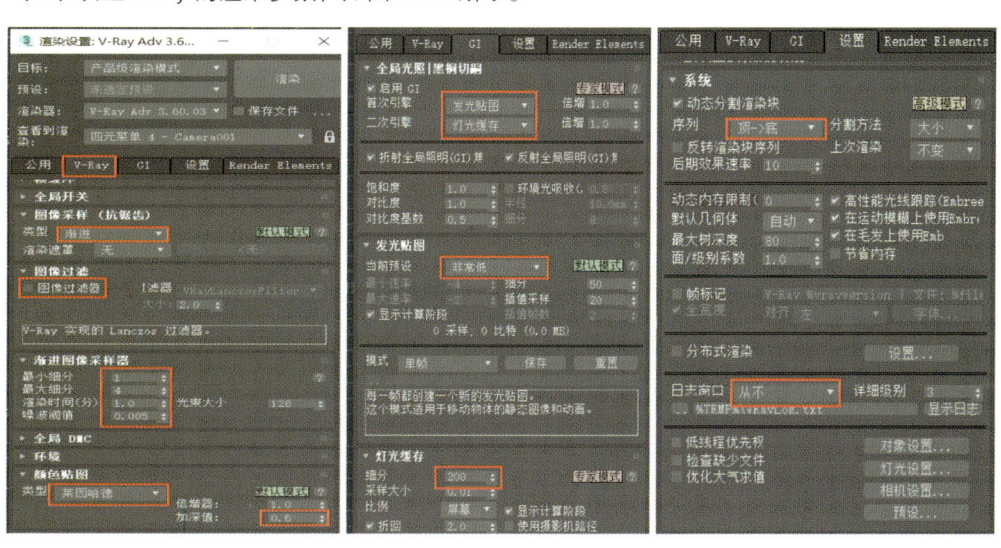

图 6-22 测试阶段渲染参数

(7)单击【渲染】按钮，渲染透视图。效果图如图 6-23 所示。

图 6-23　VR 太阳光效果

(8)执行【文件】→【另存为】命令，将效果图保存为【客厅 + 天空光 + 太阳光 .max】文件。

素质提升

通过阅读"古代建筑中的采光"资料，加深对中国古代建筑的认识，领略古人的智慧，提升民族自信心，从而传承与创新传统文化。阅读"现代建筑的采光方式"案例，认识自然光的重要性，了解现代建筑采光新的方式。

采光对于建筑有着重要影响，了解中国古建筑如何采光。请扫描二维码观看视频，思考以下问题。

(1)中国古代建筑采光的主要方式有哪几种？你认为最巧妙的是哪一种？

(2)说一说你还了解中国古代建筑的哪些方面？

自然光对空间的美感营造、对人的良好情绪有重要作用。科学合理地运用自然光对室内照明、节能减排有重要作用。现代建筑的采光与节能设计融合了新技术、新材料，形式多样。扫描二维码阅读，思考以下问题。

(1)自古至今，建筑中十分重视自然光的引入和运用，请谈谈你对自然光的认识，说一说自然光对人们的身心健康、宜居环境、低碳节能等方面的作用。

(2)现代建筑的采光设计与传统建筑采光，有了哪些新的变化？

图文：古代建筑中的采光

PPT：现代建筑的自然采光方式

项目六　制作自然光　073

◉ 评价、巩固与拓展

| 阶段测试 | 学习评价 | 视频：美丽的明代椅子 |

PROJECT SEVEN

项目七 制作人工光

任务单

项 目	内 容
任务描述	从照明功能需求到装饰需求，我们的生活离不开各种装饰灯光，装饰灯光的设计除了功能需求外，还要有艺术美感的体现，也成为建筑师、设计师们进行艺术创造和表达设计想法的主要手段。请根据所学灯光的知识点，为客厅制作人工光（装饰灯光）
任务要求	（1）设置【VRayLight】灯光在直型灯带上的应用； （2）使用【光域网】制作筒灯或射灯效果图
学习目标	1. 知识目标 （1）【VRayLight】灯光参数及修改； （2）【光域网】文件的调用和参数修改。 2. 能力目标 （3）能够制作灯带的效果； （4）能够制作射灯或者筒灯的效果。 3. 素质目标 （1）培养学生善于观察和思考，以勤于练习的习惯； （2）了解灯光的健康知识，科学设计； （3）关注社会，具有低碳环保的设计概念
辅助学习	超星在线学习课程、微视频、图片、优秀设计网站等

项目七　制作人工光　075

任务一　【光域网】文件的使用

一、【VRayLight】灯光

【VRayLight】灯光参数同项目六中讲解的内容，本环节主要是灯光的应用练习，即可以使用【VRayLight】模拟天空光，也可以用来模拟直型灯带效果。

二、【光域网】的使用

【光域网】是一种关于光源亮度分布的三维表现形式，存储于 IES 文件当中，是灯光的一种物理性质。不同的灯在空气中的发散方式是不一样的，例如，手电筒发出的光是一个光束，壁灯、台灯发出的光是另外一种形状。因此，使用【光域网】文件制作装饰灯光，让灯光效果更逼真。调用【光域网】文件后，主要调整灯光亮度和颜色。

任务二　制作直型灯带

一、灯带设计分析

1. 灯带在空间中的作用

当下流行无主灯设计，灯带均匀照亮空间，和点光源搭配，平衡空间光环境，使居室的光环境更协调、舒适。灯带可增强空间的层次感与立体感，营造氛围，弱化空间体量感，例如，在柜子或梁柱位置设置灯带，可以弱化空间的封闭围合感和体量感；在镜子背面设置灯带，简单美观，凸显格调，如图 7-1、图 7-2 所示。

图 7-1　灯带平衡室内光环境　　　　图 7-2　灯带增加室内层次

2. 吊顶灯带设计方法

随着技术与材料的不断更新和发展，不做吊顶也可灵活安装灯带，并且带来简约之感，展现线条美感。

（1）隐形洗墙灯带：不用吊顶、不用开槽、预留灯线，直接安装在立面，螺钉固定，批上腻子即可。隐形洗墙灯带有上照式和下照式，如图7-3、图7-4所示。安装在墙面且向上发光，灯具与顶的距离建议小于600 mm，如图7-5、图7-6所示。

（2）边角款铝槽灯带：通常安装在顶面、墙面，既能做基础照明，又起到装饰作用。如图7-7所示。

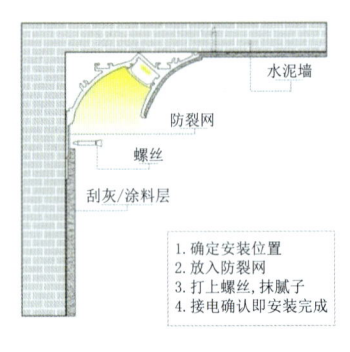

图7-3　下照安装方式 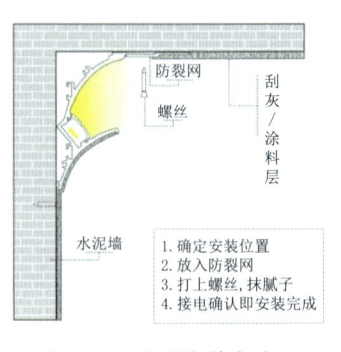　　　图7-4　上照安装方式 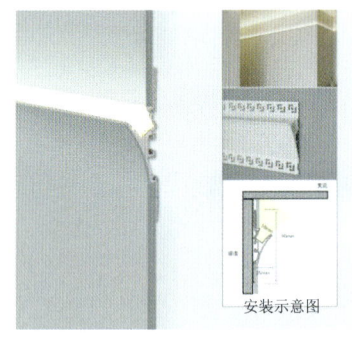　　　图7-5　灯带安装示意图

图7-6　灯带在室内的效果 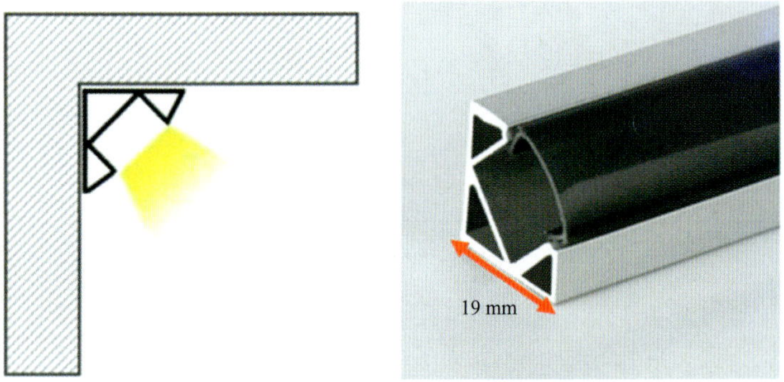　　　图7-7　边角款铝槽灯带安装示意图及剖面

（3）双边铝槽灯带：双边铝槽灯带的应用最为广泛，也最不受限制，如图7-8、图7-9所示。

（4）阳角阴角铝槽灯带：安装在墙角，弱化墙面棱角，提高较强的装饰作用。其有阳角和阴角两种，如图7-10所示。

图7-8　双边铝槽灯带及应用效果 　　　图7-9　灯带应用效果 　　　图7-10　阳角、阴角铝槽灯带

二、直型灯带制作

通过本实例学习【VRayLight】的使用方法和参数修改，以及在直型灯带中的应用。经过渲染得到真实效果，目的是学会灵活应用。直型灯带效果图如图 7-11 所示。

（1）启动 3ds Max 2018 中文版，打开制作完成的【客厅+天空光+太阳光 .max】文件。

（2）单击 按钮，在下拉列表中选择【VRay】，再单击 VRayLight 按钮，在顶视图天花灯带位置拖曳鼠标光标，创建一个【VRayLight】灯光。

（3）确定灯光处于选中状态，单击 （【修改】命令面板）按钮，【修改】命令面板【一般】卷展栏中【倍增器】为 1.5 左右（数值不是唯一，根据具体场景亮度确定数值），长、宽调整到与灯带位置相近，【颜色】修改为淡黄色。在【选项】卷展栏中勾选【不可见】。在前视图单击【镜像】按钮，沿着 Y 轴镜像，使箭头朝上，并将灯光移动到正确位置，如图 7-12 所示。

图 7-11　灯带效果

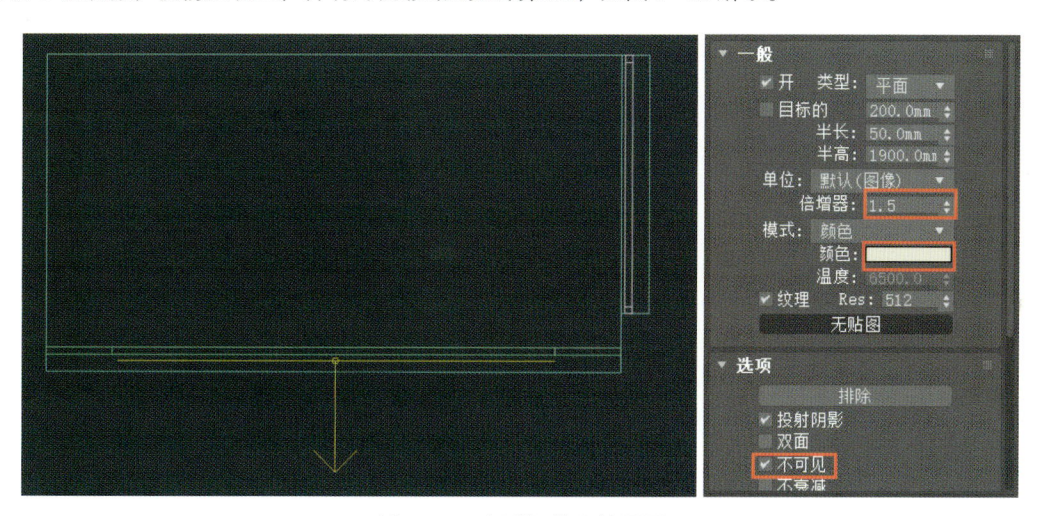

图 7-12　直型灯带参数设置

（4）在顶视图向对面复制一个灯带，移动到对面，参数保持不变。再旋转复制一个灯带，调整大小与灯槽长短相匹配，并复制出最后一个灯带。完成效果如图 7-13 所示。

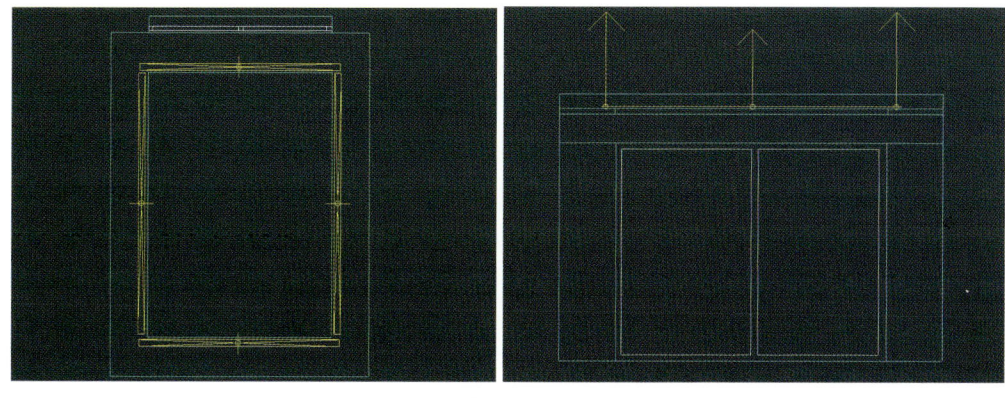

图 7-13　复制出所有的灯带

(5)按照测试阶段参数设置,设置好 VRay 渲染面板的数值,这里不再重复。按【Shift】+【Q】快捷键,渲染当前选中的透视图,如图 7-14 所示。

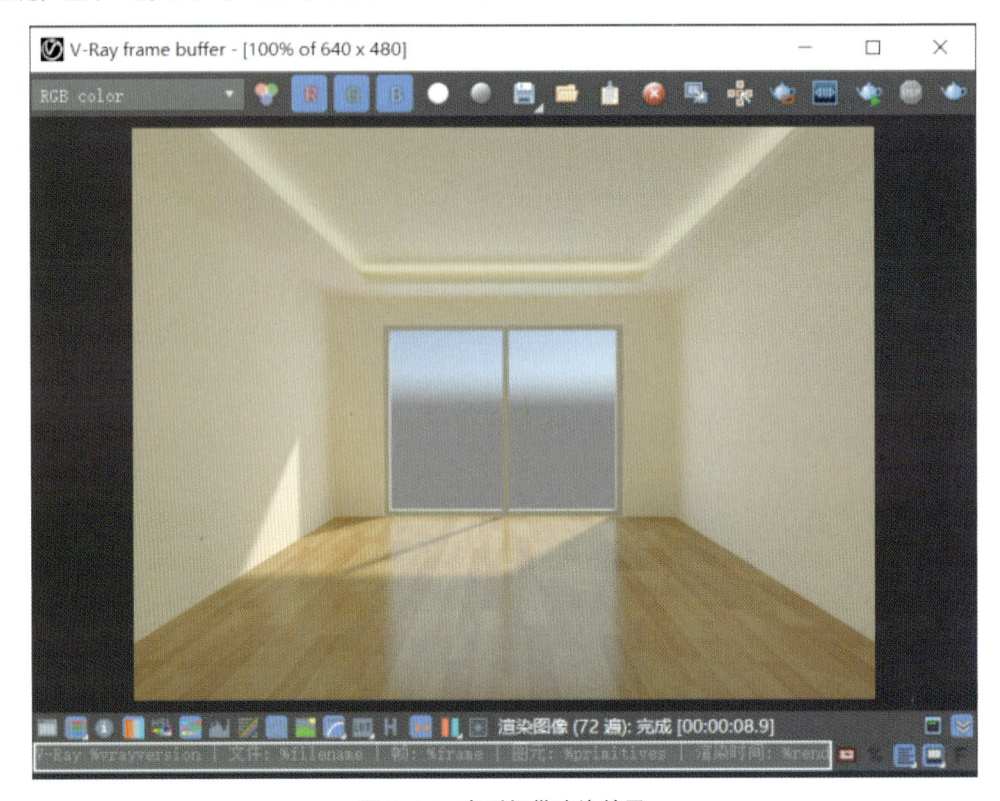

图 7-14 直型灯带渲染效果

(6)执行菜单栏【文件】→【另存为】命令,将效果图保存为【客厅—直型灯带.max】文件。

任务三 制作筒灯

一、筒灯制作过程

通过本实例学习【光域网】文件的使用方法和参数修改,来模拟筒灯效果。目的是了解光域网的作用,最后使用 VRay 渲染,得到筒灯效果图,如图 7-15 所示。

(1)接着在上一个练习中制作筒灯。

(2)单击 按钮,在下拉列表中选择【光度学】,单击 目标灯光 按钮,在前视图中单击并拖动鼠标光标,创建一个目标点光源,并移动到如图 7-16 所示的位置。

图 7-15 筒灯效果

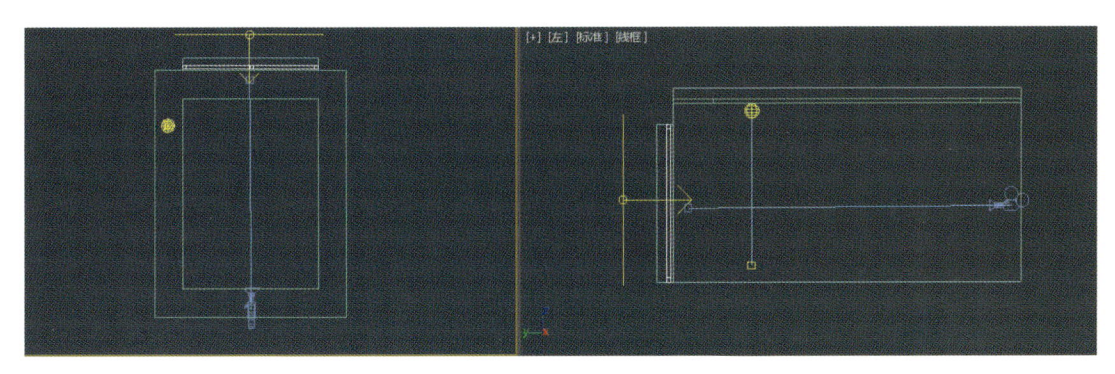

图 7-16 创建光度学灯光【目标灯光】的位置

（3）单击 ☑（【修改】命令面板）按钮，勾选【阴影】选项中的【启用】复选框，在下拉列表中选择【VRayLight】，在【分布】选项区中单击【选择光度学文件】，在弹出的对话框中选择【项目七/多光.ies】文件，如图 7-17 所示。

图 7-17 添加光域网文件

（4）将目标光源的【强度】修改为 600，颜色可以修改为淡黄色，然后在顶视图以【实例】的方式复制出多个目标光源，如图 7-18 所示。

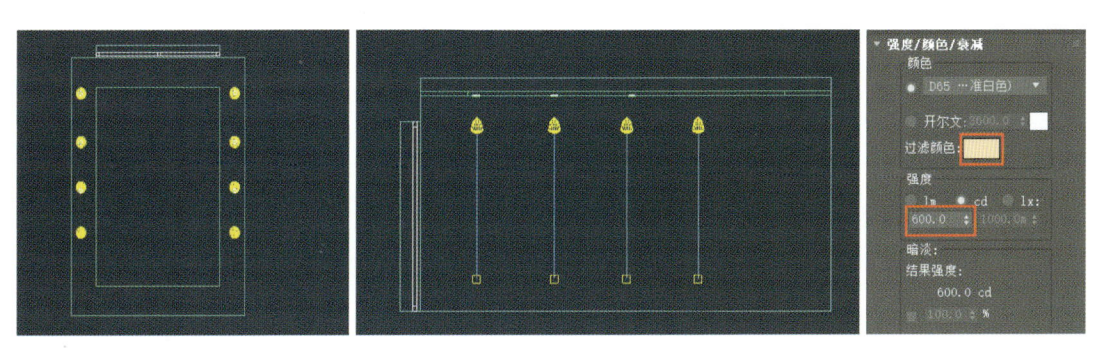

图 7-18 修改光域网的强度和颜色并复制

（5）按照前面讲述的方法设置 VRay 渲染面板，按【Shift】+【Q】快捷键，渲染效果图如图 7-19 所示。

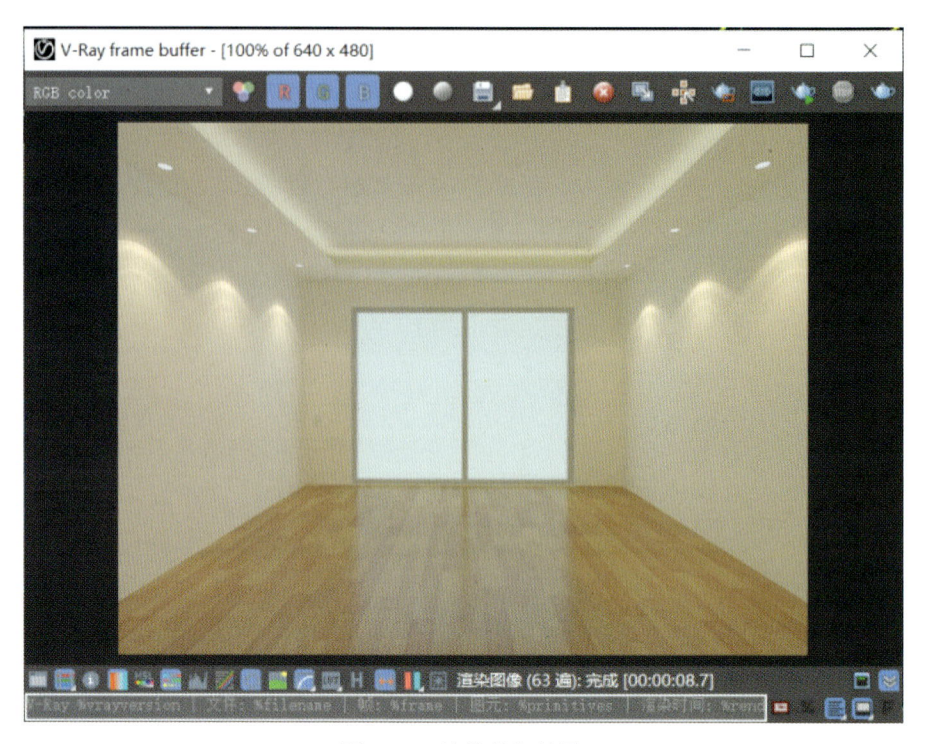

图 7-19　渲染筒灯效果

（6）执行菜单栏【文件】→【另存为】命令，将此效果图保存为【客厅+筒灯.max】文件。

技巧与经验：【光域网】可以重新指定。灯光强度值不唯一，可根据具体情况灵活调整。灯光的强度除了与面板中【强度】参数的高低有关外，灯光与墙体等模型的距离也会影响灯光的亮度。可以二者结合调整。

素质提升

　　灯光不但起到照明、装饰的作用，更会影响人的情绪和健康，合理的灯光设计越来越受到人们的重视。通过观看"健康灯光设计"视频和"如何选灯有利健康"，认识灯光设计对人健康的重要性，树立健康的灯光意识，提高对灯光设计的能力。

　　灯光影响人的健康和情绪，请扫描二维码观看视频，思考以下问题。

（1）婴儿房的灯光设计应注意哪些问题？

（2）室内的灯光选择低色温还是高色温的灯具更有利于健康？

应建立科学合理的灯光设计思路，请扫描二维码观看视频，思考以下问题。

（1）无主灯设计是如何布置灯光的？

（2）说一说无主灯设计的优点。

视频：如何选灯有利健康

视频：健康灯光设计

评价、巩固与拓展

| 阶段测试 | 学习评价 | 视频：厨房布局 | 图文：装修中的工匠精神 |

PROJECT EIGHT

项目八 室内常见材质

任务单

项 目	内 容
任务描述	现代化生活方式需要现代化的空间布局和室内风格,以及个性空间的表达,应根据客户需求来表现现代风格的空间。请根据所学的材质调整的知识点,为客厅制作主要的室内材质
任务要求	(1)使用 VRayMtl 材质类型制作常见的木质材质; (2)使用 VRayMtl 材质类型制作常见的布艺材质; (3)使用 VRayMtl 材质类型制作常见的金属材质; (4)使用 VRayMtl 材质类型制作常见的玻璃材质
学习目标	1. 知识目标 (1) VRayMtl 材质类型的参数及使用方法; (2) UVWMap 贴图的使用方法; (3)赋予场景对象材质的方法。 2. 能力目标 (1)能够制作木质类材质; (2)能够制作金属类材质; (3)能够制作玻璃类材质; (4)能够制作布艺类材质。 3. 素质目标 (1)培养学生善于观察和思考的习惯,从而掌握学习方法; (2)了解健康中国理念在材料选择方面的体现; (3)关注社会,具有低碳环保的设计概念; (4)培养耐心、扎实、踏实的工匠精神
辅助学习	超星在线学习课程、微视频、图片、优秀设计网站等

任务一　VRayMtl 材质参数含义

制作完模型，需要对场景中的物体赋予合适的材质。如何赋予材质呢？除了学习 VRay 材质参数的一般设置方法外，还要了解材质特性，观察材质的反射、粗糙度、透明与否等特点，此外，还要有材质搭配能力及色彩搭配能力。因此，材质与灯光是效果图制作中的难点部分，也是环境艺术设计者必备的核心能力，需要学习者多练习，在理解的基础上灵活调整。下面讲解 VRayMtl 标准材质的漫反射区、反射区、折射区等重要参数。

一、材质编辑器

【材质编辑器】是一个独立的窗口，可以调整材质，并赋予场景中的对象。单击主工具栏中的按钮，或者按快捷键【M】打开【材质编辑器】。默认【材质编辑器】如图 8-1 所示，可以单击【模式】→【精简材质编辑器】按钮，打开传统窗口模式，如图 8-2 所示。

图 8-1　【材质编辑器】默认界面　　　图 8-2　切换为传统窗口模式

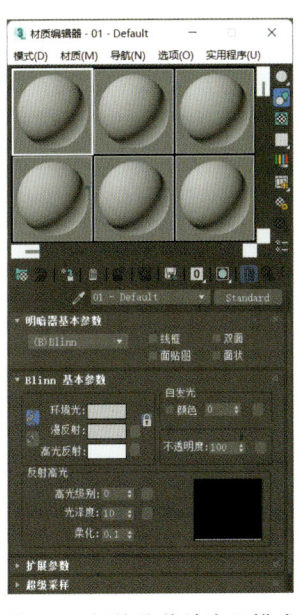

【材质编辑器】的窗口包含材质球、工具按钮、着色模式、材质类型和参数控制区 5 大部分，如图 8-3 所示。

（1）材质球：示例窗可以预览材质和贴图，可以更改材质，将材质拖动到视口中的对象上，即可将材质赋予场景中的对象。【材质编辑器】有 24 个示例窗，可以一次查看所有示例窗，或一次查看 6 个（默认），或一次查看 15 个。当一次查看的窗口少于 24 个时，使用滚动条可以在它们之间移动。

示例窗样板材质球主要有 3 种状态：实心三角形表示已经赋予场景中对象且该对象被选中；空心三角形则表示应用于场景对象，但对象未被选中；无三角形表示未被应用到场景中的材质，也称为冷材质，如图 8-4 所示。

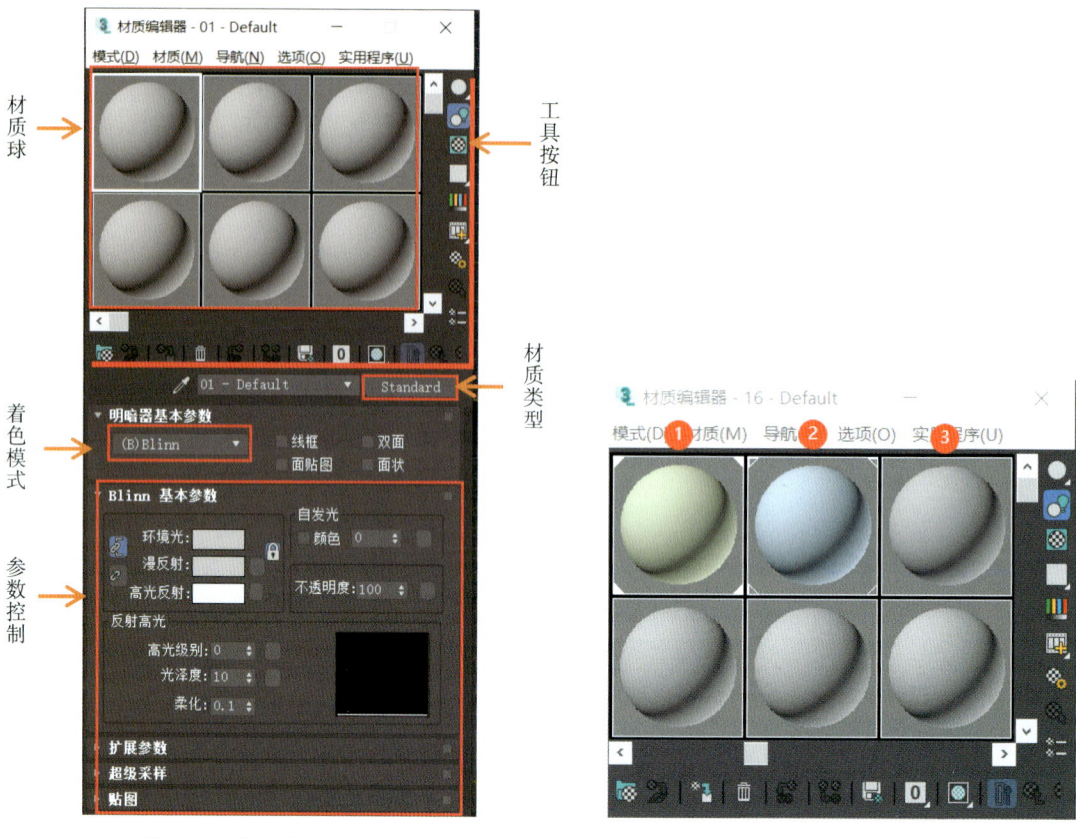

图 8-3 【材质编辑器】　　　　　　图 8-4 样板球的 3 种状态

（2）工具按钮：工具栏中的工具主要用来调整材质在示例球中的显示效果，以便于更好地观察材质的颜色与纹理。

（3）着色模式：提供了不同材质的渲染明暗类型，每种类型确定了材质的基本性质。

（4）材质类型：单击【标准】按钮 Standard ，会弹出【材质编辑器】对话框，在此可以选择其他的材质类型。

（5）参数控制：包含 5 个卷展栏，主要包含各项参数，具体在接下来的实例中应用和讲解。

☞ 技巧：3ds Max 提供了十几种材质类型和 35 种贴图，本书着重讲解 VRay 材质，会在后面的实例中讲解到常用的材质与贴图的使用方法。

二、VRayMtl 材质

VRay 渲染器提供了很多材质及贴图，专门配合 VRay 渲染器使用，因此使用 VRay 渲染器时使用该材质，在渲染速度和质量上比 3ds Max 标准材质更高。VRay 材质类型包括 VRayMtl、灯光材质、覆盖材质、车漆材质等。本书将介绍常用的 VRay 材质类型的应用。

■ 操作步骤

首先按【F10】键打开【渲染设置】面板，在渲染器右边列表中选择【V-Ray Adv 3.60.03】渲染器，然后关闭【渲染设置】面板。再按【M】键，弹出【材质编辑器】对话框，单击【标准】按钮 Standard ，弹出【材质/贴图浏览器】对话框，选择【材质】→【V-Ray】→【VRayMtl】并单击【确定】按钮（也可以直接双击【VRayMtl】材质）。【VRayMtl】材质调用与参数面板如图 8-5 所示。

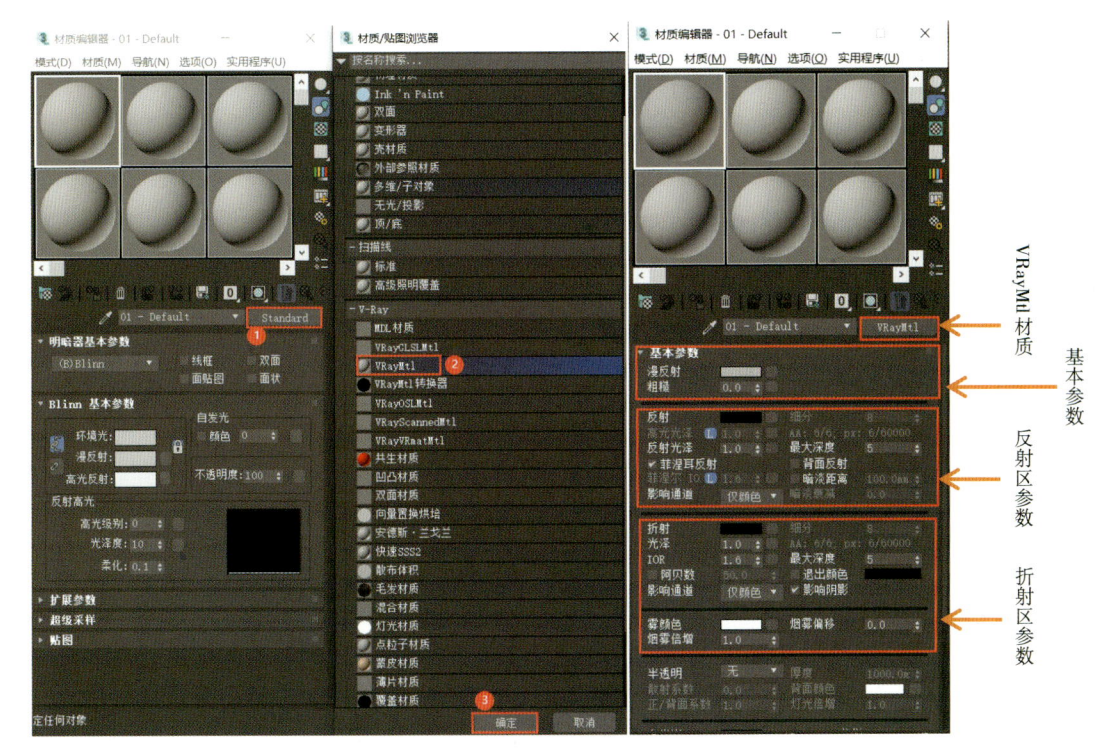

图 8-5 将标准材质更改为 VRayMtl 材质

下面介绍 VRayMtl 材质各参数含义。

（1）【漫反射】：物体固有色、表面色，可以是颜色，也可以是贴图（贴图通道）。

（2）【反射】：控制材质反射的程度，纯黑没有反射，白色表示完全反射，灰色表示不同程度的反射。

（3）【高光光泽】：数值影响物体表面最亮的地方。如果需要调整材质表面的高光，可以调整该值（数值范围在 0~1），数值 1 表示不产生高光，值小反光面大，值大反光面小。一般高光光泽为 0.5~0.8（常见材质）。

（4）【反射光泽】：控制材质反射的清晰度，数值范围在 0~1，0 表示物体表面粗糙，1 表示非常光滑。一般是 0.8 左右（常见材质）。

（5）【菲涅尔反射】：可以增强反射物体的细节变化。

（6）【细分值】：能降低反射时画面出现的噪点。数值越高，速度越慢，通常测试时不更改。

（7）【折射】：控制材质透明程度。黑色为不透明，白色为完全透明；也可由贴图决定。

（8）【折射率】：折射是当光线穿过透明材料时产生偏折。不同的材料的折射率不同，例如，水的折射率是 1.333，玻璃的折射率是 1.5~1.6，一般渲染记住这两个材质的折射率数值就行了。

（9）【雾颜色】：给透明材质染色的（如玻璃的颜色），非常敏感，改动一点就能产生很大的变化。

（10）【烟雾倍增】：控制【雾颜色】强弱程度，数值越低，颜色越浅。

（11）【影响阴影】：勾选该复选框阴影会随着颜色而改变，使物体阴影更加真实。

☞ **技巧**：在 3ds Max 2018 中文版中，VRayMtl 材质的反射细分值默认不能对其进行修改，用户可以打开【渲染设置】对话框，在【全局 DMC】卷展栏中勾选【使用局部细分】复选框，就可以对反射细分值进行修改了。

三、VRay 灯光材质

灯光材质是一种自发光材质，可以制作自发光效果，如灯带、电视屏幕、灯箱等。下面讲解参数面板。设置效果和参数面板如图 8-6 所示。

（1）颜色：设置自发光材质的颜色，还可以通过设置数值控制自发光强度。可以添加贴图，这时以贴图为准，颜色与数值无效。

（2）背面发光：设置材质是否两面都产生自发光。

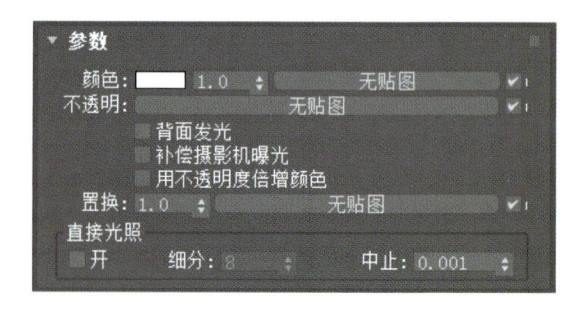

图 8-6　VRay 灯光材质参数

任务二　制作木地板

微课：木地板制作

一、案例解析

高文安，香港资深高级室内设计师，被誉为"香港室内设计之父"。高文安先生的深圳私宅空间运用多种自然材质与艺术装饰，融合东西方文化元素。空间利用原木元素与粗糙的原木柜，没有刻意的雕刻或装饰，充分体现材料质感，并且搭配精致的木柜及别具一格的艺术品，雕琢出别致而富有情怀的生活空间，如图 8-7 所示。

图 8-7　高文安设计作品

二、木地板制作

本案例设计主要以木地板材质的制作为主，运用【VRayMtl】（VRay 材质）、【Bitmap】（位图）贴图、【Falloff】（衰减）贴图制作木地板，来了解以上命令的用法，木地板效果图如图 8-8 所示。

■ 操作步骤

（1）启动 3ds Max 2018 中文版，将单位设置为毫米。

（2）在顶视图创建一个 4 000×5 000 的平面作为地面，并创建一个茶壶、一个圆柱体。

（3）在前视图创建一盏 VR 灯光，设置灯光强度为 6，勾选【不可见】复选框。

（4）按【F10】键，打开【渲染设置】（Render Setup）对话框，初始阶段渲染参数不再重复，按照前面的设置方法进行操作即可，最后调整一下透视图角度。场景准备完毕，如图 8-9 所示。

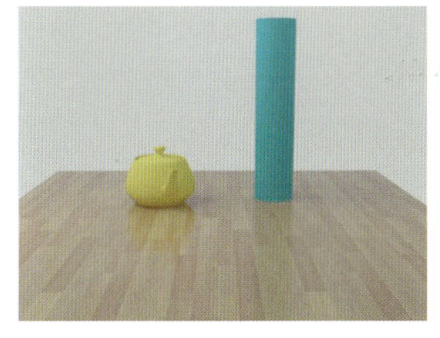

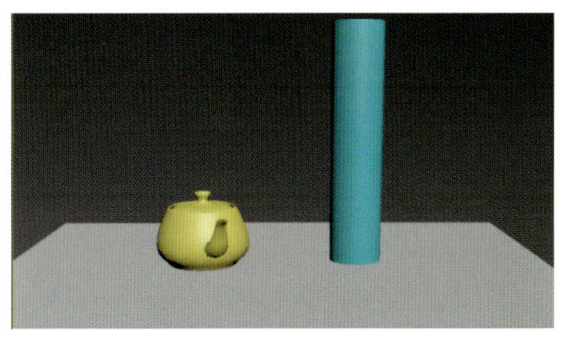

图 8-8　VRay 材质制作木地板效果　　图 8-9　创建简易场景

（5）按【M】键，打开【材质编辑器】（Material Editor）对话框，选择一个未使用的材质球，单击【标准】按钮 Standard ，指定为【VRayMtl】（VR 材质），然后给材质命名为【木地板】。

（6）设置基本参数，单击【漫反射贴图通道】按钮，添加一张位图，名称为【floor01.jpg】。

（7）调整贴图纹理大小与方向：选择创建的平面，即【地板】，单击【修改】命令面板，在修改器列表中选择【UVWMap】贴图。勾选【参数】展卷栏中的【长方体】选项，修改长度为 1 600、宽度为 3 000（长、宽不是固定值，根据材料的规格设置为合理的尺寸即可）（图 8-10）。如果贴图方向需要调整，则单击材质球，进入【贴图】（Bitmap）面板，将【角度】中的【W】设置为 90。

（8）单击反射区的【反射贴图通道】按钮，弹出【材质/贴图浏览器】对话框，选择【衰减】（Falloff）贴图，【衰减类型】选择【Fresnel】（菲涅尔）。

制作木地板表面的粗糙特点：将反射区内的【反射光泽】数值调整为 0.85；制作木地板的反光效果：单击【高光光泽】右面的按钮，设置参数为 0.7。参数设置如图 8-11 所示。

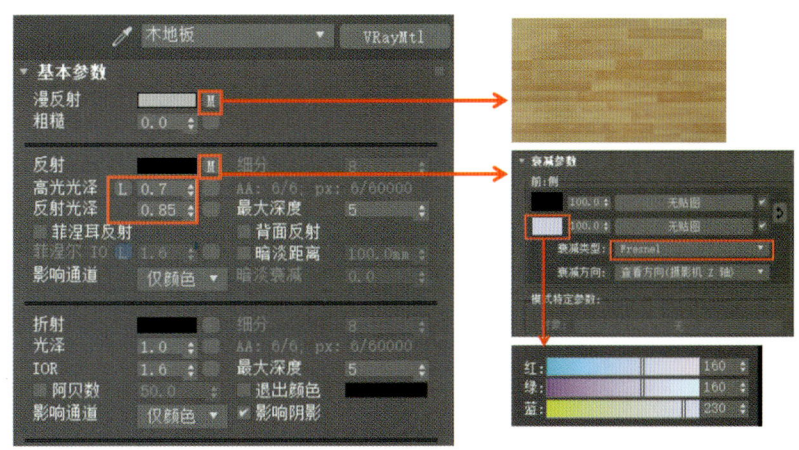

图 8-10　"长方体"参数设置　　图 8-11　木地板材质参数设置

(9)按【Shift】+【Q】快捷键,渲染透视图,效果如图 8-12 所示。

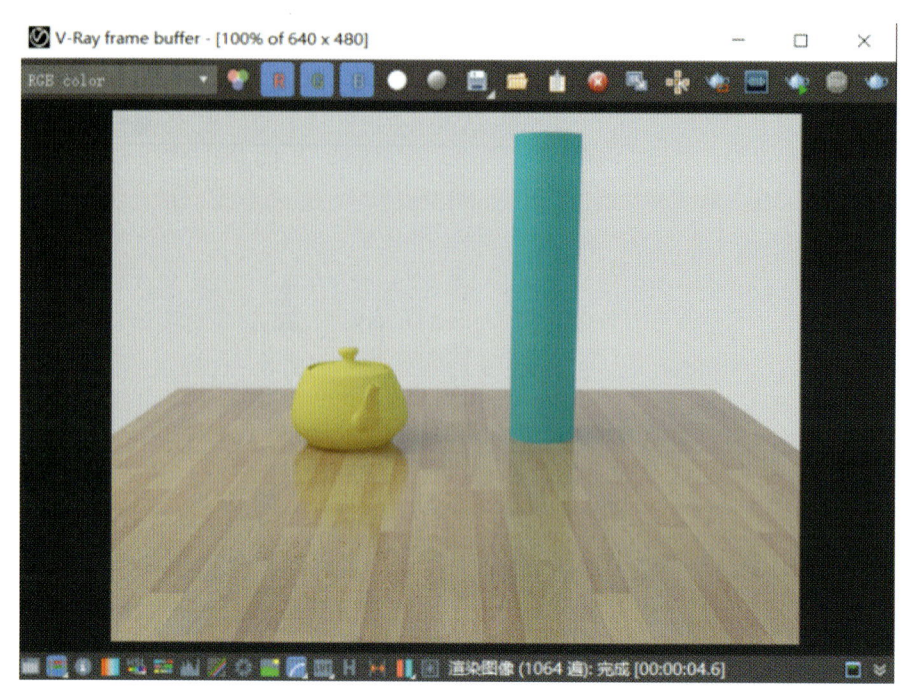

图 8-12　木地板渲染效果

☞ **技巧**:地砖、木头材质的设置与木地板的设置方法基本相同,首先添加贴图,根据木头材质、地砖的反射特点调整反射区参数,最后设置凹凸通道,使材质具有凹凸效果。调整材质不需要死记硬背,根据材质特征对应参数进行设置即可。

任务三　制作金属材质

本实例设计主要以常见金属的制作为主,运用【VRayMtl】(VRay 材质)制作不锈钢、砂钢及有色金属等,金属效果图如图 8-13 所示。

■ 操作步骤

(1)启动 3ds Max 2018 中文版,打开资源库【素材资源 / 项目八:客厅 + 金属 .max】文件。场景的灯光、相机、测试阶段的渲染参数已经设置完成了,下面开始调整不锈钢材质并赋予场景中的茶壶。

(2)按【M】键,打开【材质编辑器】(Material Editor)对话框,选择一个未使用的材质球,单击【标准】按钮 Standard ,指定为【VRayMtl】(VR 材质),然后给材质命名为【不锈钢】。

(3)在【参数】面板中,主要设置反射区的反射程度以表现不锈钢的光滑、反光强烈的特点。参数设置如图 8-14 所示。

(4)调整完参数后,拖曳【不锈钢】材质球到场景的茶壶中,赋予材质。按【Shift】+【Q】快捷键,渲染透视图进行观看。单击【渲染帧窗口】工具栏中的【保存】按钮,将渲染结果以【不锈钢】命名,以 JPEG 格式保存到本地计算机中。效果如图 8-15 所示。

图 8-13　金属材质效果

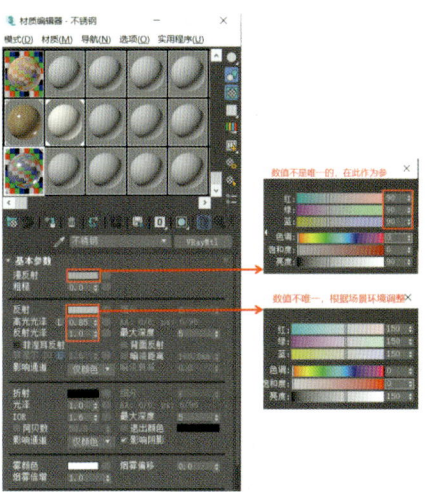

图 8-14　不锈钢材质参数

图 8-15　不锈钢渲染效果和保存方法

金属材质除了光滑不锈钢还有砂钢，砂钢与不锈钢的不同之处在于，砂钢表面粗糙，相对反射更模糊，可以在不锈钢的基础上修改参数。下面调整砂钢材质。

（1）按【M】键，打开【材质编辑器】（Material Editor）对话框，拖曳【不锈钢】材质球到另外一个未使用的材质球上进行复制，然后将复制后的材质球命名为【砂钢】。

（2）在参数面板中，修改反射区域中的【反射光泽】参数为 0.85。参数设置及效果如图 8-16 所示。

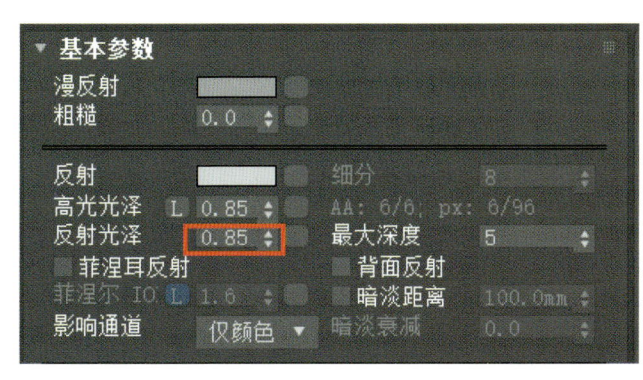

图 8-16　砂钢参数设置

有色金属的制作（如黄铜）与不锈钢的调整方法相似，因此在【不锈钢】或【砂钢】的基础上修改颜色即可。下面调整砂钢材质。

（1）按【M】键，打开【材质编辑器】（Material Editor）对话框，拖曳【砂钢】材质球到另外一个未使用的材质球上进行复制，在砂钢基础上制作有色金属，然后将复制后的材质球命名为【有色金属】。

（2）在参数面板中，为了使材质不受外界环境影响，将漫反射颜色调整为深灰色（靠近黑色）或设置为黑色，反射的颜色修改为橘黄色。参数设置及效果如图 8-17 所示。

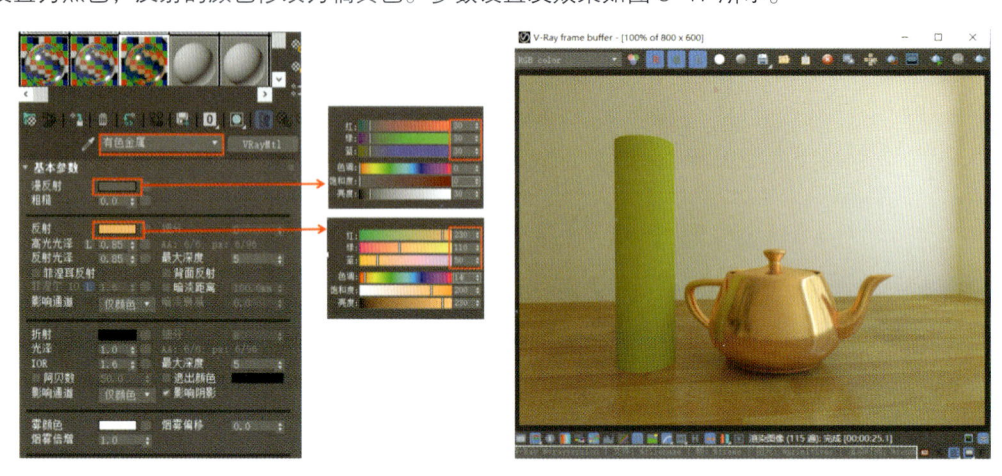

图 8-17 有色金属参数设置

（3）执行【文件】→【另存为】命令，将此场景保存为【客厅 + 金属 1.max】文件。

☞ **技巧**：设置材质时，实例中的参数不是唯一的，场景光线、相机角度、环境不同，渲染效果也不同，因此参考值可以上下浮动，调整到满意的效果即可。不锈钢材质制作过程，为了减少周围环境对材质的影响，可以将【漫反射】的颜色设置为黑色或者灰色。

任务四　制作玻璃材质

本实例主要运用【VRayMtl】（VRay 材质）制作清玻璃，通过练习对 VRay 材质有更深入的学习。清玻璃的效果如图 8-18 所示。

■ 操作步骤

启动 3ds Max 2018 中文版，打开资源库【素材资源 / 项目八：客厅 + 玻璃 .max】文件。场景的灯光、相机、测试阶段的渲染参数已经设置完成了，下面开始调整清玻璃材质并赋予材质。

（1）按【M】键，打开【材质编辑器】（Material Editor）对话框，选择一个未使用的材质球，单击【标准】按钮 Standard ，指定为【VRayMtl】（VR 材质），然后给材质命名为【清玻璃】。

图 8-18 清玻璃的效果

（2）在参数面板中，漫反射中的颜色可以默认，或者调整为黑色。其他参数设置及效果如图 8-19 所示。

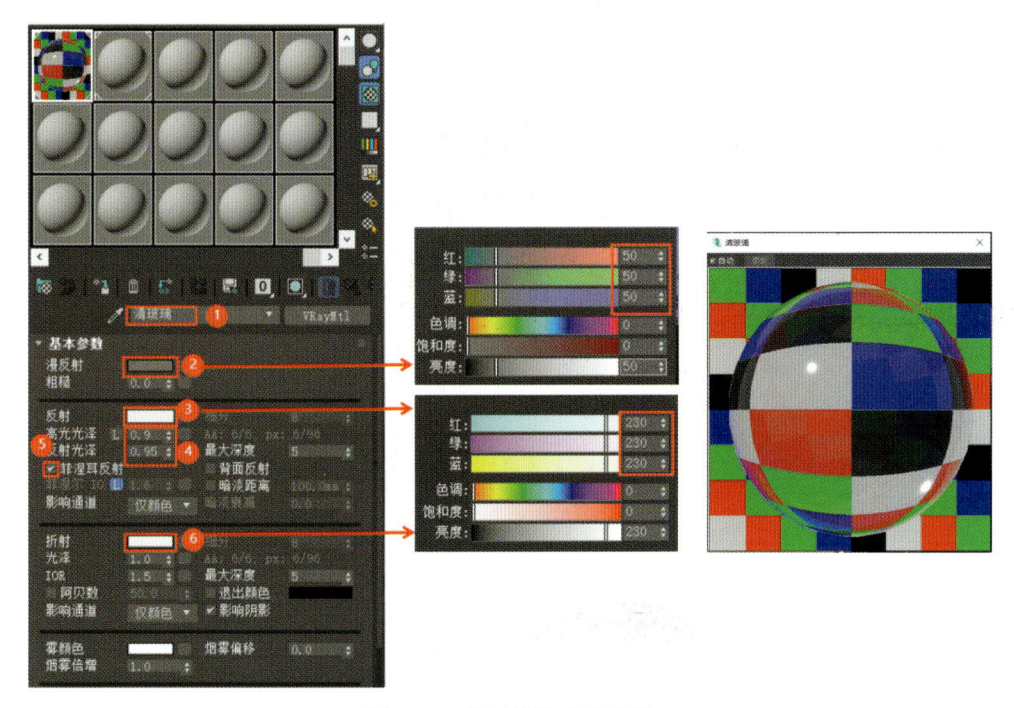

图 8-19　清玻璃的参数设置

（3）调整完参数后，拖曳【清玻璃】材质球到场景中的茶壶、长方体中，赋予材质。按【Shift】+【Q】快捷键，渲染透视图进行观看。单击【渲染帧窗口】工具栏中的【保存】按钮，将渲染结果以【清玻璃】命名，以 JPEG 格式保存到本地计算机中。

生活中有的玻璃带有颜色，即有色玻璃，是在清玻璃的基础上增加【雾颜色】，下面调整玻璃的颜色。

（1）按【M】键，打开【材质编辑器】（Material Editor）对话框，拖曳【清玻璃】材质球到另外一个未使用的材质球上进行复制，在清玻璃基础上制作有色玻璃，然后将复制后的材质球命名为【有色玻璃】。

（2）在参数面板中，将【雾颜色】修改为淡淡的蓝色。这时玻璃颜色会很重，结合【烟雾倍增】调整，数值改为 0.4（数值不唯一，作为参考，具体数值要根据场景的情况确定）。参数设置及效果如图 8-20 所示。

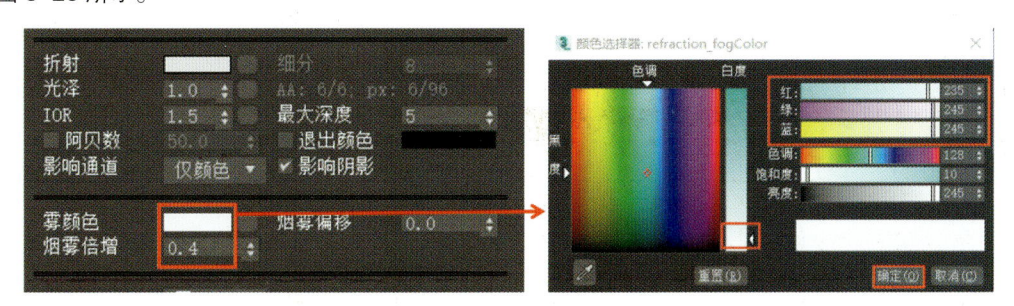

图 8-20　有色玻璃参数设置

（3）调整完参数后，拖曳【有色玻璃】材质球到场景的茶壶、长方体中，赋予材质。按【Shift】+【Q】快捷键，渲染透视图观看。单击【渲染帧窗口】工具栏中的【保存】按钮，将渲染结果以【有色玻璃】命名，以 JPEG 格式保存到本地计算机中。效果如图 8-21 所示。

图 8-21 有色玻璃效果及保存方法

玻璃的种类很多，为了满足空间需求，经常使用磨砂玻璃，既满足采光需求，也满足私密和分割空间的需求。可以在清玻璃的基础上继续调整，下面调整磨砂玻璃。

（1）方法一：按【M】键，打开【材质编辑器】（Material Editor）对话框，直接选择【清玻璃】材质球，在折射区域的【光泽】改为 0.85 或 0.9，清玻璃就变成了磨砂玻璃；同样选择【有色玻璃】材质球，在折射区域的【光泽】改为 0.85 或 0.9，有色玻璃变成了磨砂有色玻璃。

调整完参数后，将修改后的【清玻璃】材质球拖曳到场景中的长方体，将修改后的【有色玻璃】拖曳到场景中的茶壶，赋予材质。按【Shift】+【Q】快捷键，渲染透视图进行观看。单击【渲染帧窗口】工具栏中的【保存】按钮，将渲染结果以【磨砂玻璃】命名，以 JPEG 格式保存到本地计算机中。

（2）方法二：如果想要更真实的磨砂效果，可以使用【噪波】贴图，在【VRayMtl】（VR 材质）材质面板中【贴图】卷展栏，单击【凹凸】通道按钮，将【噪波】参数面板的【噪波参数】中的【大小】数值改为 6。参数设置如图 8-22 所示。

未使用【噪波】贴图和使用了【噪波】贴图的磨砂玻璃效果如图 8-23 所示。

图 8-22 使用【噪波】制作磨砂玻璃

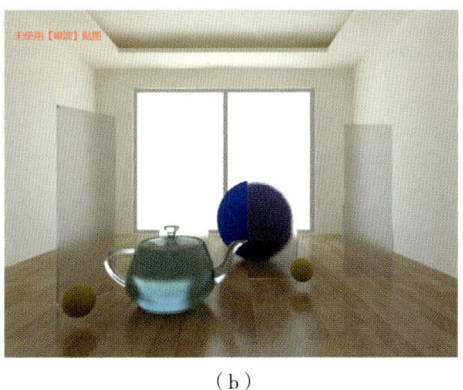

图 8-23 磨砂玻璃两种制作方法的完成效果
（a）未使用【噪波】；（b）使用【噪波】

任务五　制作陶瓷材质

本实例主要运用【VRayMtl】（VRay 材质）制作陶瓷材质，通过练习对 VRay 材质有更深入的学习。陶瓷的效果图如图 8-24 所示。

■ 操作步骤

（1）启动 3ds Max 2018 中文版，打开资源库【素材资源 / 项目八：客厅 + 陶瓷 .max】文件。场景的灯光、相机、测试阶段的渲染参数已经设置完成了，下面开始调整陶瓷材质并赋予材质。

（2）按【M】键，打开【材质编辑器】（Material Editor）对话框，选择一个未使用的材质球，单击【标准】按钮 Standard ，指定为【VRayMtl】（VR 材质），然后给材质命名为【陶瓷】。

（3）在参数面板中，漫反射中的颜色改为白色。其他参数设置及效果如图 8-25 所示。

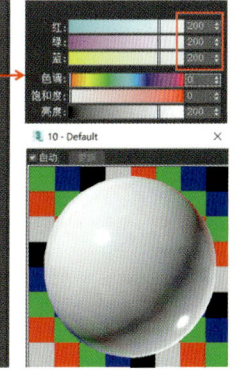

图 8-24　瓷器的效果　　　　图 8-25　陶瓷材质参数设置

（4）调整完参数后，拖曳【陶瓷】材质球到场景中的茶壶，赋予材质。如果想表现带有颜色的陶瓷，修改漫反射的颜色即可，将带有颜色的【陶瓷】材质球赋予场景中的球体。按【Shift】+【Q】快捷键，渲染透视图进行观看。单击【渲染帧窗口】工具栏中的【保存】按钮，将渲染结果以【陶瓷】命名，以 JPEG 格式保存到本地计算机中。

☞ **技巧**：制作陶瓷时也可以在【BRDF】卷展栏的下拉列表中选择【Phong】模式，这种模式有明显的高光区，通常用来制作陶瓷材质。

任务六　制作布艺类材质

一、布艺在室内的应用分析

布艺是空间中有趣的"灵魂"，不但能在空间中营造不同的氛围，更能对整体结构、空间布局产生很大影响。布艺可以灵活更换，随时根据心情和季节更换；布艺具有温暖、柔软的特点，柔化空间，使坚硬、严肃的建筑空间更柔和；图案与花纹能突出空间风格与个性，渲染空间氛围，如图 8-26 所示。

图 8-26　布艺的自然和谐、肌理触感、图案纹样

二、制作布料

本实例主要运用【VRayMtl】（VRay 材质）、【衰减】贴图、【凹凸】通道等制作布艺类材质，通过练习深入学习并灵活应用 VRay 材质。通过本实例学习普通布料、绒布及地毯的制作方法。

■ 操作步骤

启动 3ds Max 2018 中文版，打开资源库【素材资源 / 项目八：客厅 + 布艺 .max】文件。场景的灯光、相机、测试阶段的渲染参数已经设置完成了，下面开始调整普通布料并赋予材质。

（1）普通布料：普通布料的做法是在【漫反射】添加布纹贴图。在【贴图】卷展栏中拖动漫反射通道的【凹凸】通道，进行实例复制。

（2）绒布—单人沙发材质：按【M】键，打开【材质编辑器】（Material Editor）对话框，选择一个未使用的材质球，单击【标准】按钮 Standard ，指定为【VRayMtl】（VR 材质），然后给材质命名为【单座沙发材质—桔色】。

（3）在【漫反射】通道添加【衰减】贴图，衰减贴图参数设置如图 8-27 所示。拖曳该材质球到场景中的单人沙发上，将材质赋予场景中。

图 8-27 普通布料设置方法

（4）绒布—三人沙发材质：选择一个未使用的材质球，单击【标准】按钮 Standard ，指定为【VRayMtl】（VR 材质），然后给材质命名为【三人沙发】。单击【漫反射】通道添加【衰减】贴图，在【衰减】贴图参数面板中黑色（前面）块右面的贴图通道，添加一张文件名为【沙发材质.jpg】的位图，并将位图按钮拖曳到白色（侧面）块右面的贴图通道，【衰减类型】保持默认的【垂直/平行】，（也可修改为【Fresnel】菲涅尔类型）。将白色块右侧的数值修改为 80。设置如图 8-28 所示。

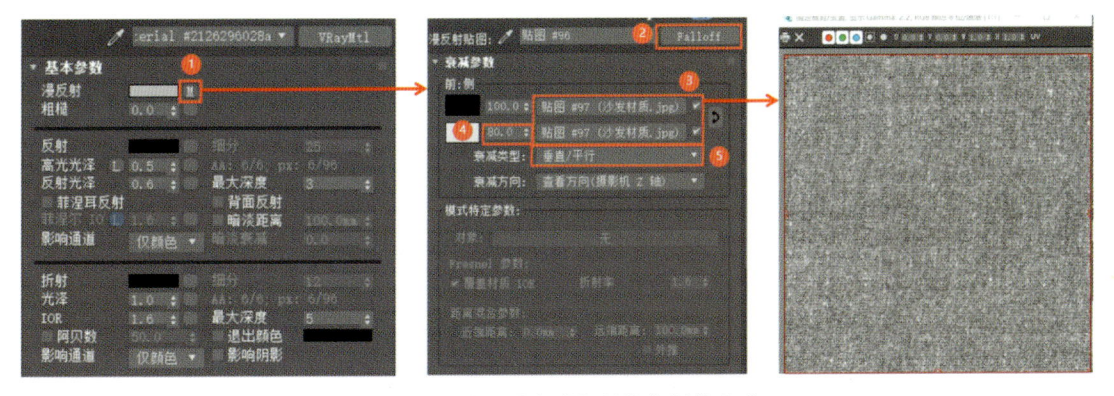

图 8-28 使用【衰减】制作布料的方法

（5）单击【转到上一级】按钮，单击【贴图】卷展栏前的向右的三角形，打开【贴图】卷展栏，单击【凹凸】通道右边的长按钮，在弹出的【材质/贴图浏览器】对话框中，单击【贴图】项目下的【位图】，选择【沙发材质】贴图。再返回上一层级，修改凹凸通道值为 30。参数设置及材质球效果如图 8-29 所示。拖曳材质球到场景中的三人沙发，将材质赋予场景。

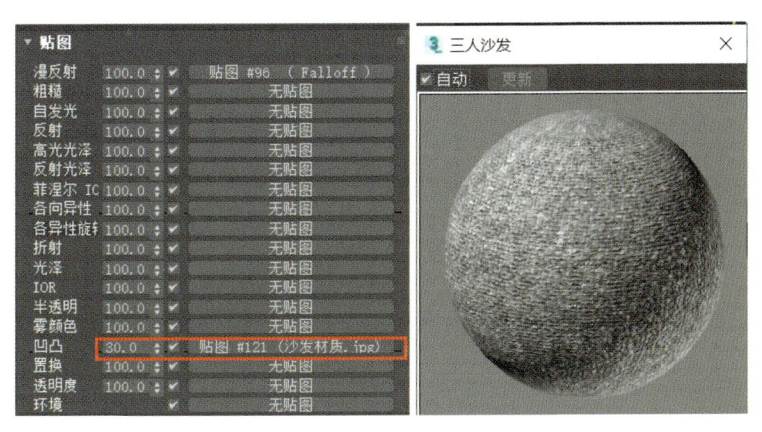

图 8-29 【凹凸】通道添加一张贴图

（6）制作地毯：在参数面板中【漫反射】通道中添加【地毯.bmp】位图，在【贴图】卷展栏中添加【地毯置换.jpg】位图。设置如图 8-30 所示。

（7）选择场景中的地毯模型，单击【修改】命令面板，在修改器列表中选择【VRay Displacement Mod】（VRay 置换模式）。修改面板参数如图 8-31 所示，将【地毯】材质赋予场景中的地毯模型，隐藏家具后渲染地毯效果如图 8-32 所示。

（8）最后调整到整个场景，快速渲染，渲染后的效果如图 8-33 所示。

（9）执行【文件】→【另存为】命令，将此场景保存为【客厅+布艺 1.max】文件。

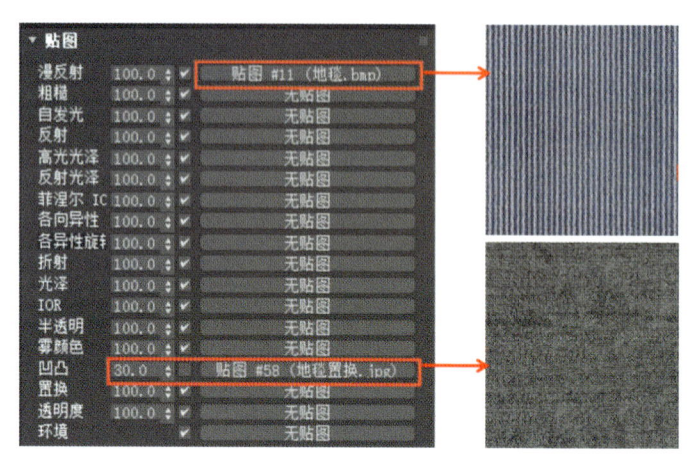

图 8-30 【漫反射】和【凹凸】通道添加贴图　　图 8-31 【VRay 置换模式】面板设置

图 8-32 地毯渲染效果　　图 8-33 布艺材质渲染效果

素质提升

通过欣赏新材料应用案例，了解新装修材料，学习利用新材料发挥设计创意，养成不断关注新资讯的习惯。认识材料对健康的重要影响，提高健康设计、低碳环保的理念。

1. 蜂窝大板、超薄石材、水磨石的特点与应用

请扫描二维码阅读学习材料，讨论以下问题。

（1）说一说蜂窝大板、超薄石材和水磨石的特点。你还知道哪些新的装修材料？

（2）说一说装饰材料，尤其是新材料对室内设计的作用。你都通过哪些途径主动了解行业新技术、新材料？

2. 装修材料与健康的关系

请扫描二维码观看视频，讨论以下问题。

（1）你知道室内装修污染主要来自哪些材料吗？

（2）你知道甲醛释放量划分等级吗？

| 视频：蜂窝大板 | 图文：超薄石材与水磨石应用 | 视频：装修污染 |

评价、巩固与拓展

| 阶段测试 | 学习评价 |

| 微课：壁纸图案对空间的影响 | 视频：装修工艺1 | 视频：装修工艺2 |

模块四
客厅效果图制作

PROJECT NINE

项目九　现代客厅效果图项目设计

任务单

项　目	内　容
任务描述	开发区某小区业主是一对年轻人，想对住所进行装修，想要的室内风格是现代风格，色调沉稳，稳重大方。请根据所学的专业技能、专业知识为其设计客厅的效果图
任务要求	（1）制作现代风格的客厅效果图； （2）建立模型、制作灯光和材质； （3）家具、软装饰品搭配合理，渲染尺寸为 2 000 mm × 1 127 mm
学习目标	1. 知识目标 （1）单位设置； （2）基本建模方法与高级建模方法； （3）灯光的制作与材质的调整； （4）模型的导入方法； （5）渲染参数的设置。 2. 能力目标 （1）能够灵活运用不同的建模方法； （2）能够合理布置灯光； （3）能够根据材质特征、不同场景灵活调整出逼真的材质； （4）能够独立完成客厅效果图的制计与制作。 3. 素质目标 （1）具有对生活的观察和思考能力，以及解决问题的能力； （2）具有创新、精益求精的工匠精神
"1+X"室内设计职业技能等级证书（中级）认证单元	（1）能够根据不同空间类型，运用陈设设计手段完成陈设方案设计； （2）描述陈设艺术设计的构成元素与当前时尚趋势； （3）与施工各团队互相配合，完成设计表达工作； （4）根据室内空间风格、色彩、材料和造型等因素合理搭配灯光与灯具； （5）根据设计的要求，为室内装饰方案选用合适的装饰材料； （6）运用色彩原理搭配出特定氛围的室内空间效果
辅助学习	超星在线学习课程、微视频、图片、优秀设计网站等

任务一 案例解析

案例："轻奢 + 现代"

项目地址：大连当代艺术，大连市中山区港湾广场达沃斯会议中心东

面积：240 m²

风格：轻奢 + 现代

户型：跃层

设计：李寰宇

材料：皮革、白色地砖、光亮不锈钢、圣戈班石膏板、深色木材质等

设计说明：业主是上市公司董事长，三口之家，孩子是 12 岁男孩。业主喜欢轻奢 + 现代感的装修风格。依据业主的社会背景、个人喜好，设计风格带有轻奢的现代风格。选用皮革材料、金属、白色地砖等为主要材料，营造一种大气的空间气质。

客厅整体设计稳重、大气、端庄，不乏现代感，沙发使用了黑灰色皮革，休闲椅的亮色让空间活泼、生动，咖啡色的窗帘加橘色纱帘点亮空间，天花的金属条、茶几硬朗的直线造型等都给人现代、大气的空间感，如图 9-1、图 9-2 所示。

图 9-1 现代风格客厅 1

图 9-2 现代风格客厅 2

电视背景墙造型也采用直线、现代的造型来处理，二楼悬挑处装饰选择镜面材质。餐厅与客厅连贯起来，视线贯通、延伸，空间感很强，如图 9-3、图 9-4 所示。

图 9-3 餐厅与客厅连通

图 9-4 通透、连贯的空间

卧室的处理上也体现了轻奢，做了吊顶处理，造型圆角处理显得更柔和，背景墙造型相对简洁，为灰色调，卧室的软装处理上仍然延续客厅的暖色，如图9-5所示。卧室的整体色调较客厅浅淡，适合卧室休息、放松，如图9-6所示。

图9-5 卧室效果1　　　　　图9-6 卧室效果2

任务二　制作思路分析

开始制作效果图之前，先分析制作的思路和方法，可以提高作图的效率。明确设计主题，准备好设计素材，依据效果图制作的流程（如建模、材质、灯光、渲染、后期处理）进行制作，如图9-7所示。

一、建模思路

建模时要综合考量框架结构、空间特点，哪些使用一体化建模，哪些模型采用独立建模方法。建模尽可能完整，减少"拼凑"，可以减少内存消耗。

（1）准备工作。将软件布局、单位设置等准备工作做好。

（2）分析空间特点。根据限定的框架结构，可以将客厅、阳台、餐厅、走廊一起制作，也可以每个空间分开制作。确定哪些空间采用一体化制作，哪些是单独制作，如图9-8所示。

图9-7 观察空间特点，思考建模思路

（3）正确合理的比例。导入模型要考虑到人体工程学，应检查模型尺寸是否合理，如图9-9所示。

图9-8 选择建模方法　　　　　图9-9 不合适的比例影响空间利用和效果

二、灯光打法

制作灯光前要明确表达的主题、表现的气氛。日光还是夜光？灯光冷暖如何处理？

打光思路是先自然光再人工光，先室外光再室内光，先主光再辅光（天空光＋太阳光＋人工光），并运用色彩理论和光影知识。

三、材质要逼真

了解材料特性，抓大放小，根据自己的场景灵活调整。一定要了解材质的物理属性，特别是与灯光相互作用时，要了解其受光特征，熟悉不同光照环境中材质的变化规律，如凹凸、反光、磨砂等特性及其对应的参数，如图 9-10 所示。

图 9-10　材质具有不同的特征和艺术感

四、相机角度

相机的创建相对简单，难点是要有构图知识，需要反复调整。要知道什么样的主题选择什么样的构图。

（1）中轴对称式：如果想表现端庄、大气的空间，可以选择对称式构图，视觉中心在画面的正中心。其纵深较远，左右均衡，稳重大方，相机沿长轴方向布置，如图 9-11、图 9-12 所示。

图 9-11　对称式效果图 1　　　　　　　　图 9-12　对称式效果图 2

项目九　现代客厅效果图项目设计

■ 操作步骤

①单击【目标相机】，在顶视图向窗户方向拖曳，通常相机在地面位置上，将相机移动到符合人视野的高度。在左视图选择相机，单击左键选择移动工具，在【移动变换输入】对话框【偏移】坐标的 Y 轴输入 1 200，按【Enter】键，如图 9-13 所示。

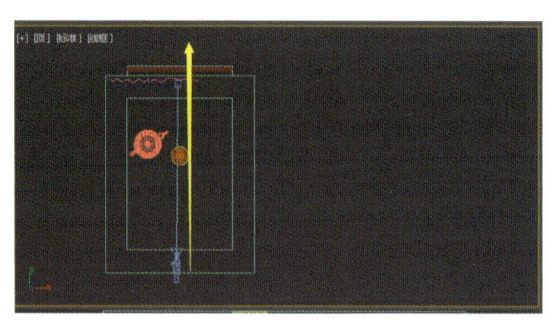

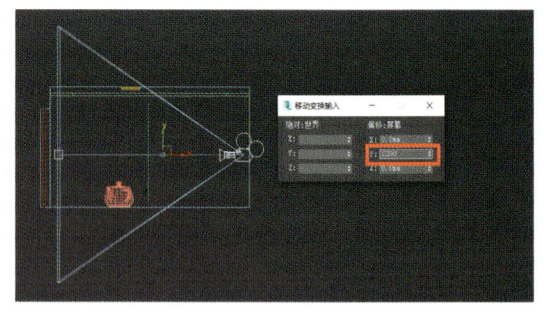

图 9-13　创建一架相机 1

②确认相机处于选中状态，单击【修改】命令面板，将【参数】卷展栏下的镜头参数修改为 23（根据场景的大小可以设置为 24、28 等其他参数）。参数设置及构图效果如图 9-14 所示。

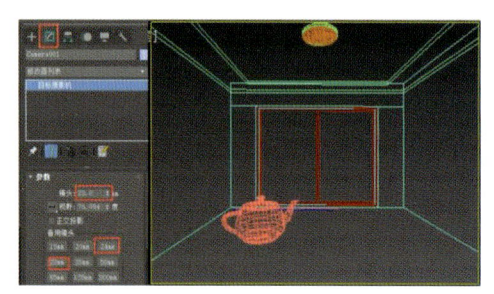

图 9-14　创建一架相机 2

（2）成角透视：相机角度有了左右倾斜，有了动感和变化，透视感强，画面完整，如图 9-15 所示。

墙面分割约占画面三分之一处

图 9-15　成角透视效果图

■ 操作步骤

在上面相机的基础上，切换至顶视图将摄像机调整到一定的倾斜角度，墙面转折处约在画面三分之一处。相机设置及最终构图效果如图9-16、图9-17所示。

（3）平面化构图：画面平行于空间的长轴，景深近。由于流行趋势不断变化，构图作为艺术表现形式，故也随之变化。平面化的构图纵深较近，构图特点是平稳、纵深浅、构图呈平面化，如图9-18、图9-19所示。

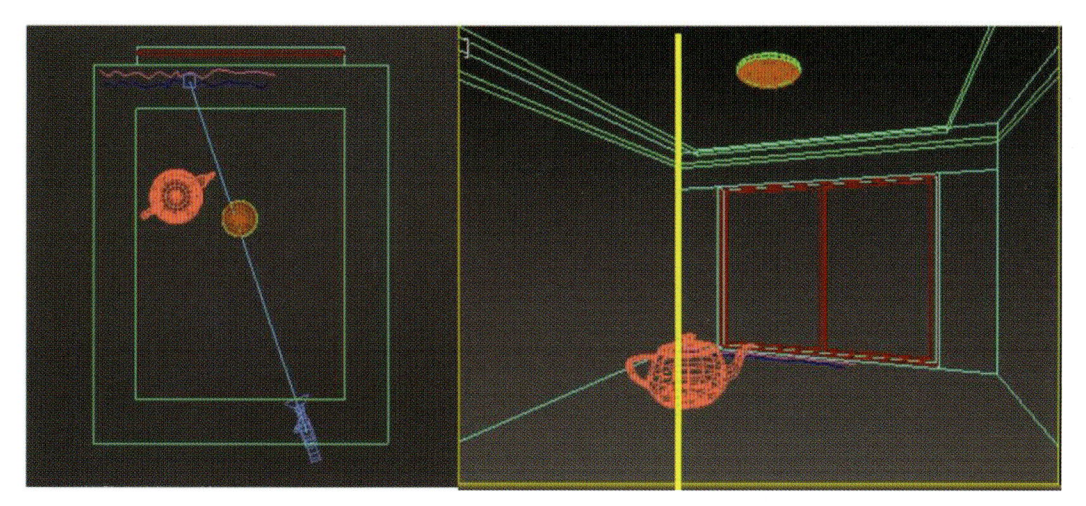

图 9-16　成角透视相机角度

图 9-17　成角透视渲染效果　　　　　图 9-18　平面化构图 1

图 9-19　平面化构图 2

■ 操作步骤

①将相机旋转到与客厅空间长轴平行的方向。

②在摄像机【修改】命令面板，设置【备用镜头】参数在 35 左右，勾选【手动剪切】，设置参数及构图效果如图 9-20 所示。

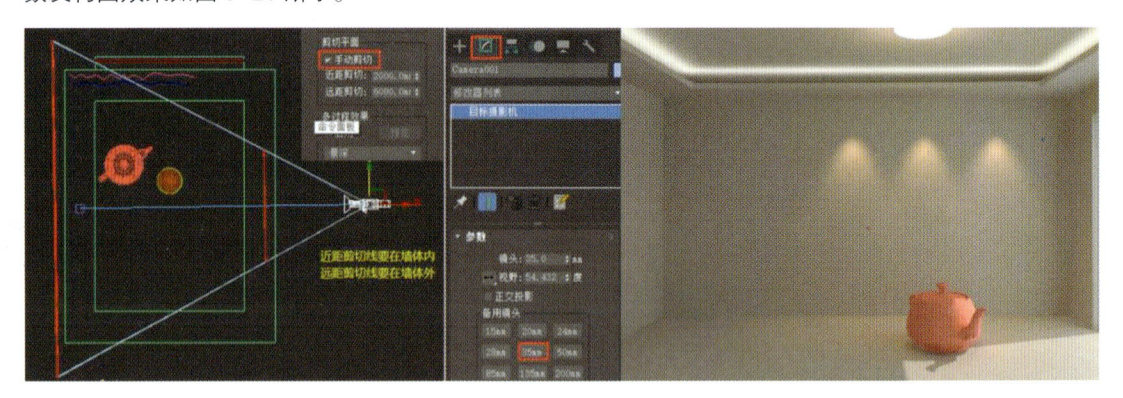

图 9-20 平面化构图设置及效果

任务三　客厅墙体、门窗模型制作

通过学习掌握优秀、高效的单面建模方法，学习在 AutoCAD 图纸的基础上建立模型，从而得到准确、快速的建模质量。

■ 操作步骤

（1）设计准备工作：启动 3ds Max 2018 中文版，设置单位为毫米，隐藏栅格。

（2）执行【文件】→【导入】命令，导入【客厅平面 .dwg】文件。单击右键选择移动工具，将【绝对世界】坐标的 X、Y、Z 值改为 0，然后选择墙线，单击右键选择【冻结当前选择】。

☞ 技巧：通常，导入 CAD 图纸后，首先按快捷键【Ctrl】+【A】全选图线，单击【成组】按钮将其成组。通常要将其移动到原点（0，0，0）的位置，以便于在 3ds Max 中有很好的建模位置，提高建模速度。

（3）完成捕捉设置，如图 9-21 所示。

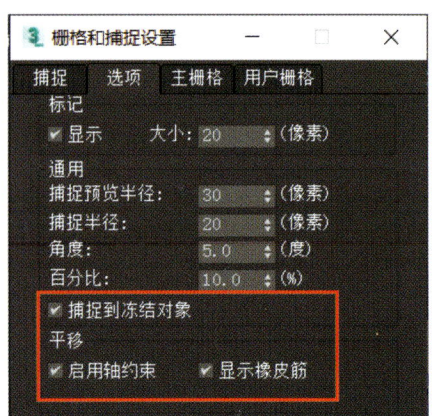

图 9-21 捕捉设置

（4）开始描绘墙线：在导入的 CAD 平面图的基础上进行描线，捕捉绘制内部墙线，如图 9-22 所示。

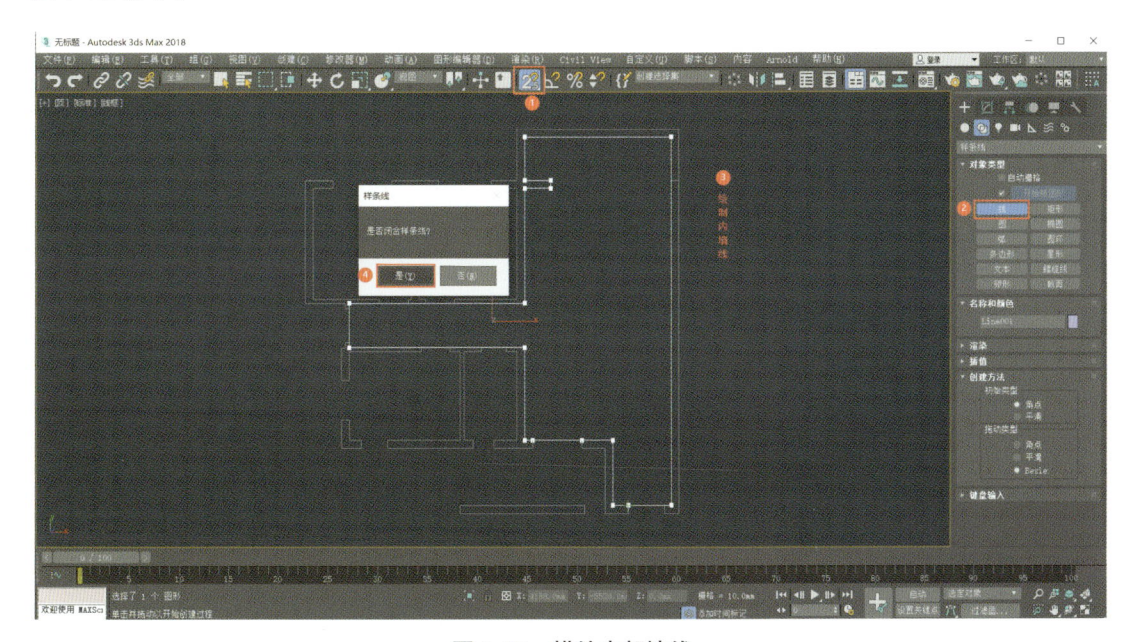

图 9-22　描绘内部墙线

（5）给绘制的内部墙线添加【挤出】命令，数量为 3 000（一般住宅房间层高为 2.8 m，此处根据实际设置为 3 000），如图 9-23 所示。

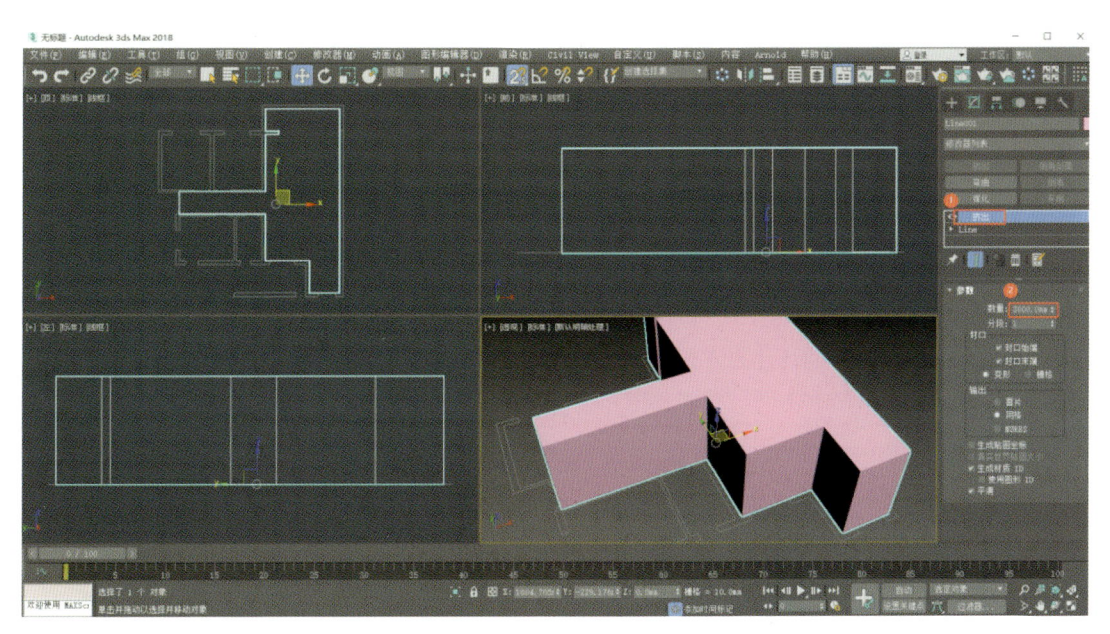

图 9-23　添加【挤出】命令

（6）制作门窗洞口：将挤出后的几何体转为【可编辑多边形】（Editable Poly）。选择墙体，按【2】键进入【边】层级，选中门位置的两条竖线，右键单击【连接】，自动连接出一条水平线。运用同样操作方法，将其他门位置连接出一条水平线。框选连接出来的门的水平线，移动到 2 100 位置，如图 9-24 所示。

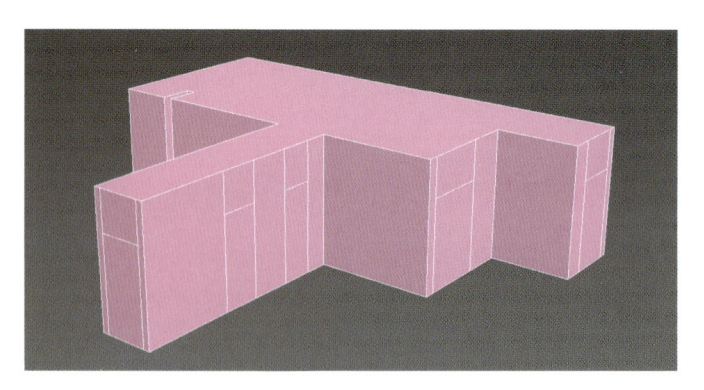

图 9-24 连接出来门洞口的高度线

（7）可以在透视图按【F3】键，以线框方式显示。选择客厅窗户处的 4 条竖向的线，鼠标右键单击【连接】左侧的按钮，将弹出的对话框中【分段】项改为 2，单击【√】。选择下面的线，在状态栏的 Z 轴输入 300；再选择上面的线，在状态栏的 Z 轴输入 2 500。设置如图 9-25 所示。

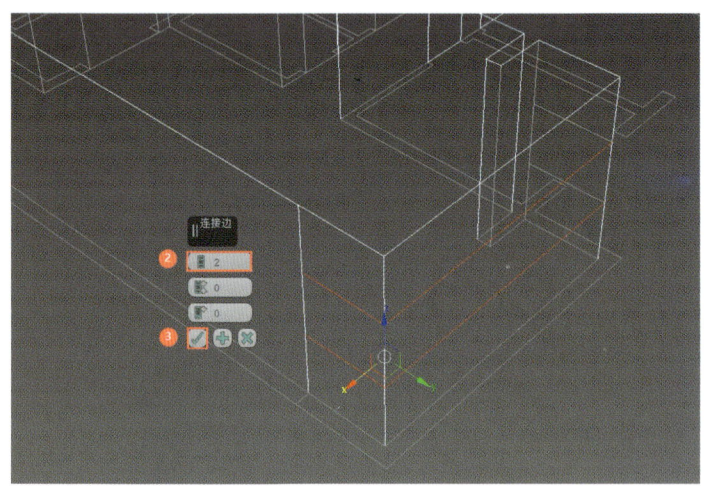

图 9-25 链接线的操作

（8）按【4】键，进入【多边形】层级，按【Ctrl】键加选以上完成的门窗洞口的面，再切换到顶视图，单击右键，选择【挤出】，数量设置为 240，挤出的方式按【局部法线】的方式，单击【确定】按钮（窗户拐角需要进入【点】层级，框选点，捕捉移动到正确位置）。按【Delete】键删除挤出后的面，完成门窗洞口的制作。效果如图 9-26 所示。

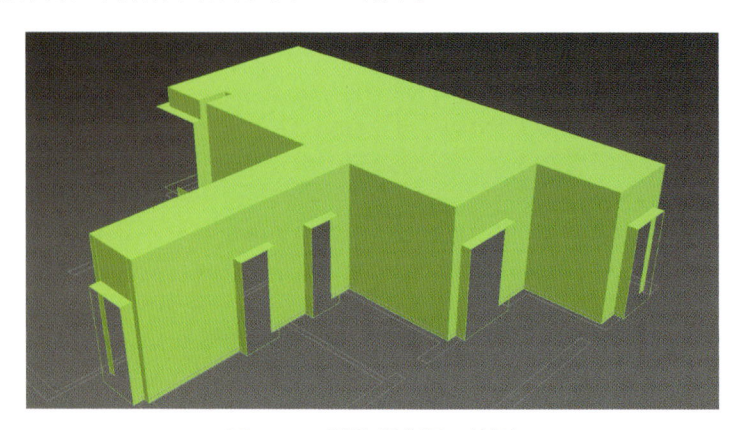

图 9-26 删除门窗洞口的面

（9）制作窗框：切换到前视图，捕捉窗洞口大小绘制一个平面（2 200×4 740，注意看捕捉的位置），修改长度分段数为1，宽度分段数为5。按【Alt】+【Q】键孤立显示。完成后效果如图9-27所示。

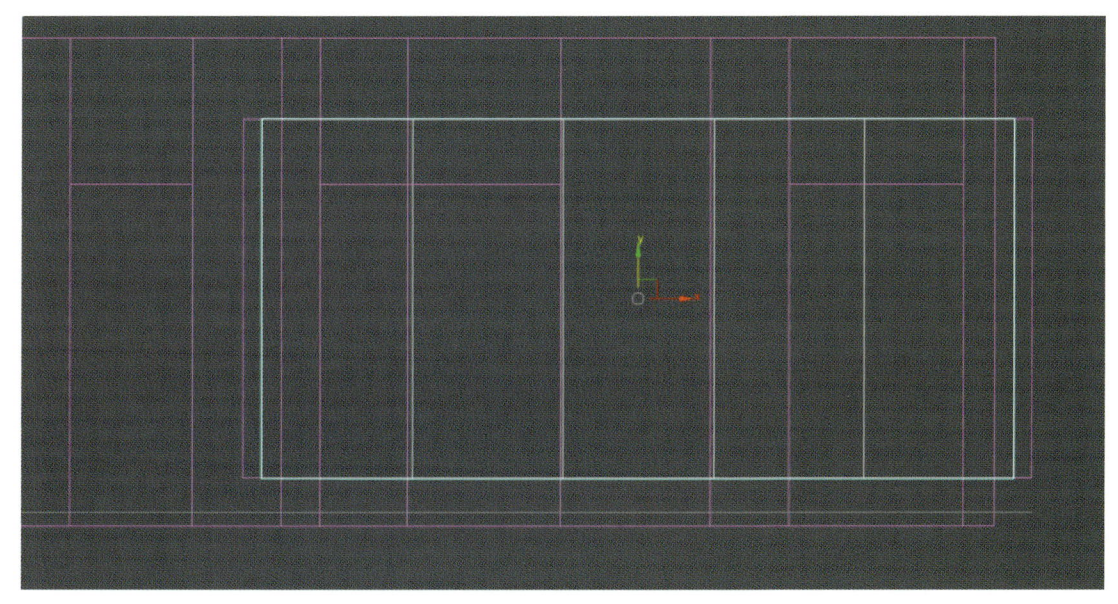

图 9-27 捕捉窗洞口绘制一个平面

（10）单击鼠标右键，选择【转为可编辑多边形】。按【2】键进入【边】层级，选择最左边和最右边4条竖线，单击鼠标右键，选择【连接】，输入分段数为2，在【收缩】一栏输入35，单击【确定】按钮。然后选择中间两条竖线，单击【修改】命令面板中的【移除】按钮，删除中间两条竖线，如图9-28所示。

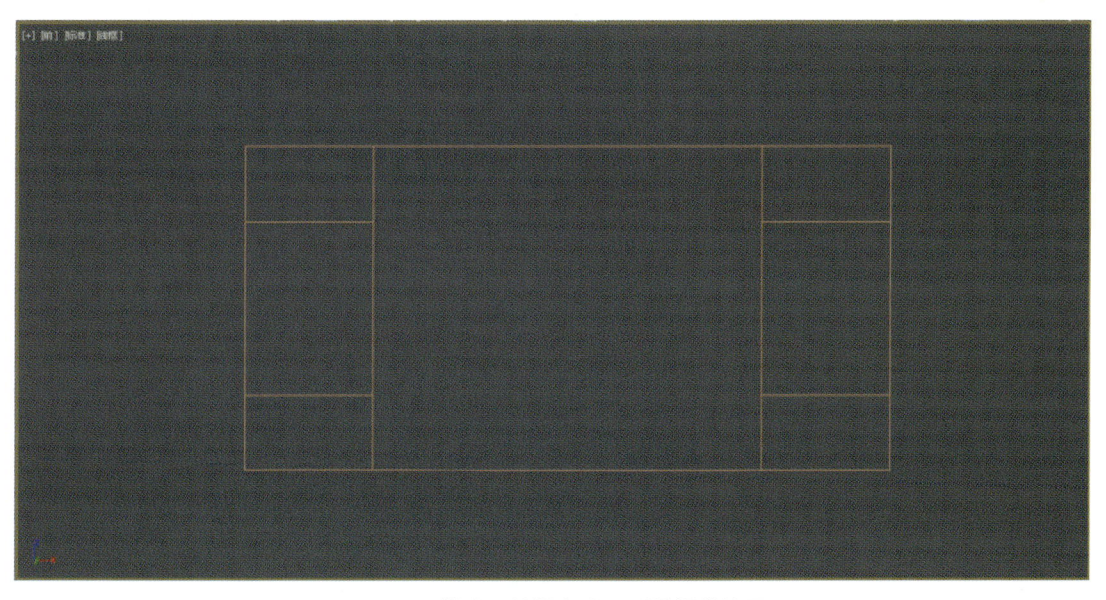

图 9-28 转为可编辑多边形后编辑的结果

（11）开始制作：捕捉上面的参考绘制一个矩形，转为【可编辑样条线】，按【3】键，进入【样条线】层级，选择样条线，在【修改】命令面板中轮廓值输入60，按【Enter】键。

再次捕捉窗的高度，绘制宽度为 60 的矩形，转换为【可编辑样条线】，按【3】键进入【样条线】层级，选择矩形，复制到另一面。进行旋转复制，通过移动、捕捉调整点的位置，复制并制作出其他窗框（以上复制操作都在样条线层级下操作）。

最后选择所有窗框线，执行【挤出】命令，数量为 50。将窗框转换为【可编辑多边形】，右键单击【附加】按钮将窗框附加到一起，然后删除参考平面。最后在顶视图将窗框移动到窗户处，完成效果如图 9-29 所示。

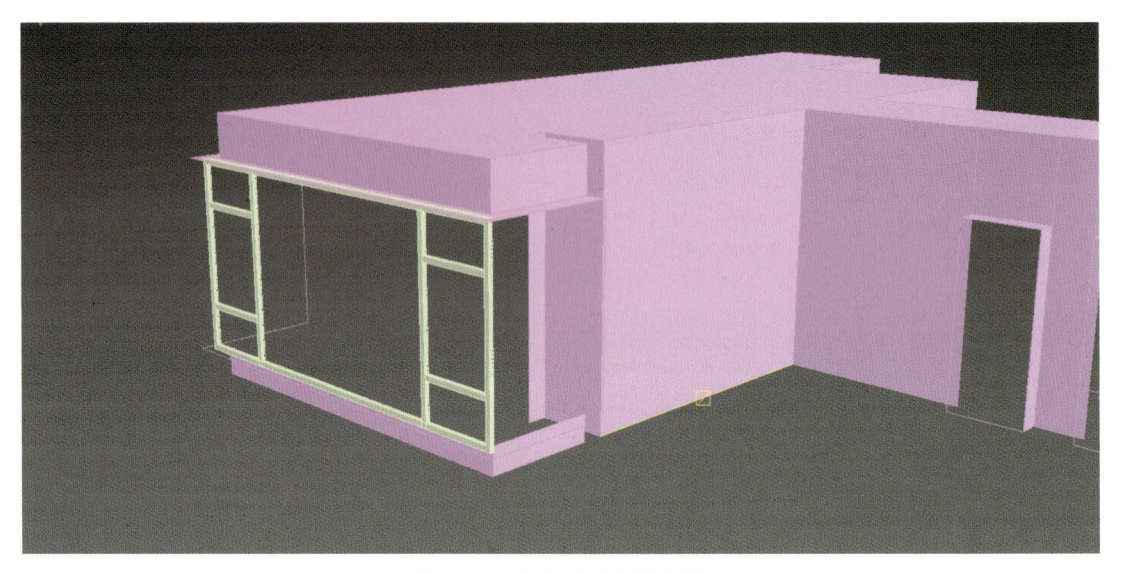

图 9-29　制作正面窗框效果

（12）侧面窗框制作：将制作完的窗框旋转复制一个，按【1】键进入【点】层级，删除多出的窗框，移动点的位置，调整侧面窗框与窗洞口大小一致。最后退出层级，在顶视图将侧面窗框复制一个到另一面，完成简易窗框制作。效果如图 9-30 所示。

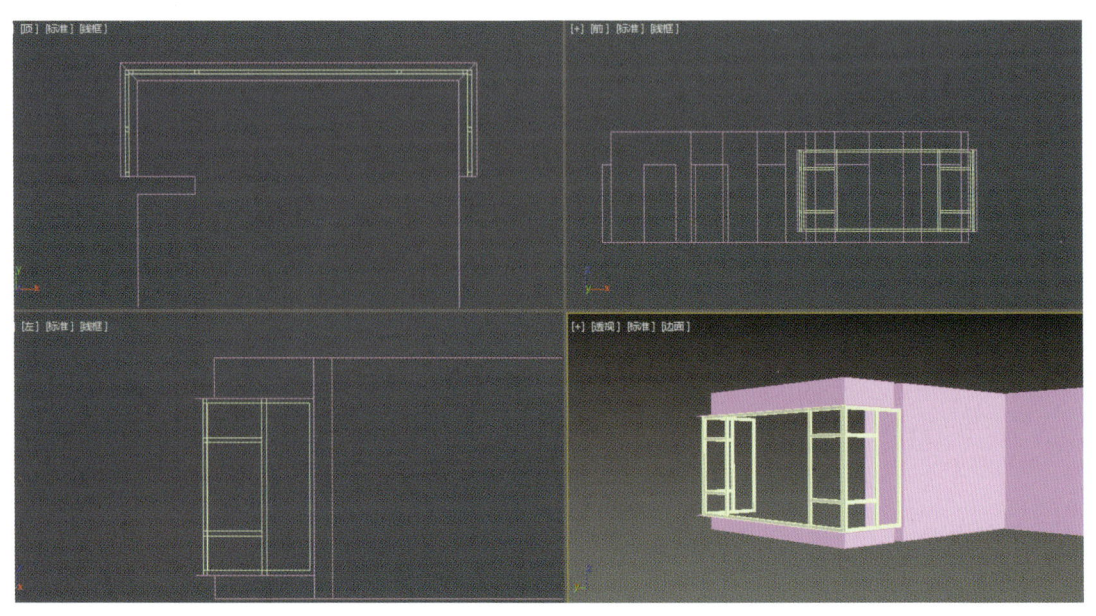

图 9-30　制作出侧面窗框

任务四　客厅吊顶、踢脚板模型制作

■ 操作步骤

（1）可以先将墙体翻转，选择墙体，按【5】键进入（元素）级，选择所有墙体元素，单击【修改】命令面板中的【编辑元素】卷展栏，再单击【翻转】（Flip）按钮，将法线翻转。

（2）选择墙体，单击鼠标右键选择【对象属性】，在弹出的【对象属性】对话框中勾选【背面消隐】复选框。设置如图9-31所示。

图 9-31　翻转法线

（3）设置相机：单击【创建】→【摄像机】→【目标相机】按钮，在顶视图拖曳创建一个相机，在【修改】命令面板中修改焦距为24。在前视图选择相机，在状态栏的Z轴输入1 200。最后在透视图按【C】键切换到相机视图，如图9-32所示。

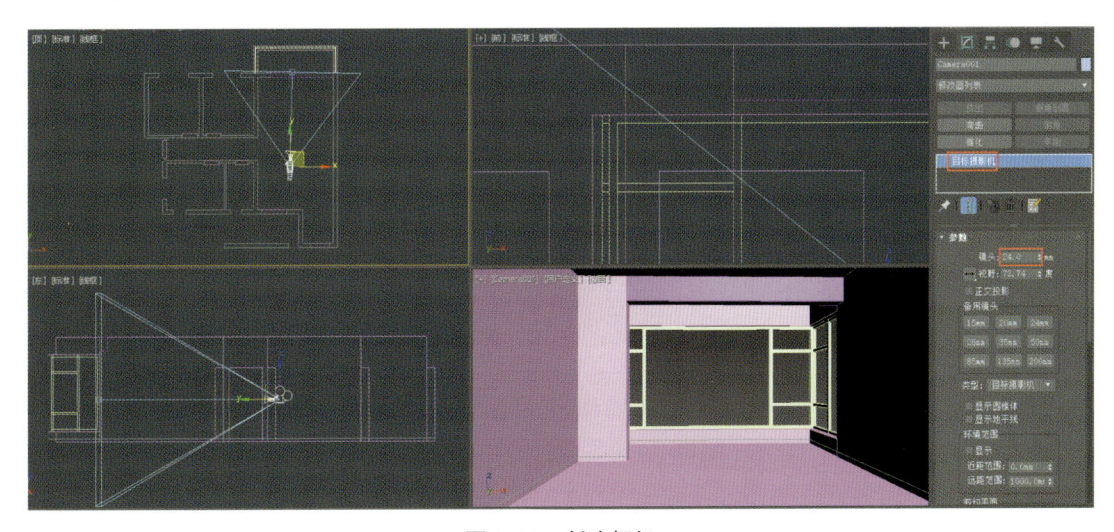

图 9-32　创建相机

☞ **技巧**：相机的角度需要在作图过程中，根据场景家具位置、多少等不断调整，具体相机的高度和焦距可以根据自己的需要灵活调整。

（4）制作吊顶：在前视图中客厅位置创建一个矩形，单击右键转化为【可编辑样条线】，按【1】键进入【顶点】层级，框选没有对齐的顶点，捕捉对齐内墙。按【3】键进入【样条线】层级，选择样条线，在【修改】命令面板中轮廓值输入360，按【Enter】键。接着执行【挤出】命令，挤出高度为100。制作效果如图9-33所示。

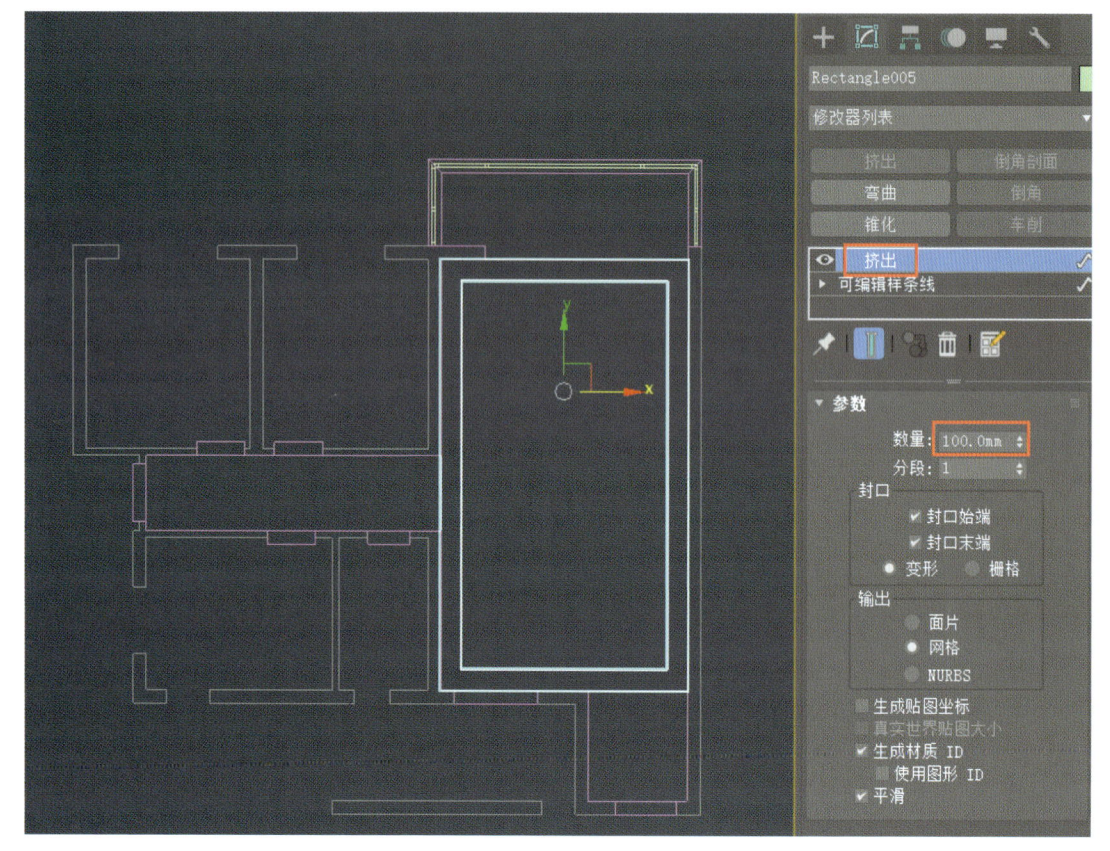

图9-33 制作吊顶

（5）捕捉内部绘制一个矩形，转化为【可编辑样条线】，按【3】键进入【样条线】层级，选择矩形样条线，设置轮廓值为20。执行【挤出】命令，数量设置为100。

（6）再次捕捉内部绘制一个矩形，为了看清后面的操作，按【Alt】+【Q】键孤立显示，然后转为【可编辑样条线】，在【修改】命令面板中轮廓值输入-100，按【Enter】键，然后删除里面的样条线。

选择剩下的样条线，执行【轮廓】命令，数值为-30。最后执行【挤出】命令，挤出数量为100.3（高于100是为了让装饰线条显示出来）。

切换到前视图，先将刚刚制作的吊顶及装饰线条最上面对齐，然后全部选中，移动到最顶面，右键单击移动工具，在弹出的【移动变换输入】对话框的【偏移】（相对模式）中的Y轴输入-200，把一级吊顶向下移动200的位置。完成效果如图9-34所示。

（7）此时需要补充阳台门上面的墙体，在前视图捕捉绘制矩形，执行【挤出】命令，数量为400，并移动到与顶面对齐。完成效果如图9-35所示。

（8）制作客厅踢脚板：在顶视图，单击【直线】按钮，绘制客厅内墙线，遇到门窗洞处要单击留点。为了便于观察，按【Alt】+【Q】键孤立显示。按【2】键进入【线段】层级，选择所有门洞处的线段，以及客厅与阳台之间墙体的侧面的线，按【Delete】键删除，完成效果如图9-36所示。

（9）按【3】键，进入【样条线】层级，全选样条线，在【修改】命令面板中轮廓值输入10。再执行【挤出】命令，数量为100，完成踢脚板模型制作。效果如图9-37所示。最后单击状态栏【孤立当前选择切换】按钮，退出孤立显示。

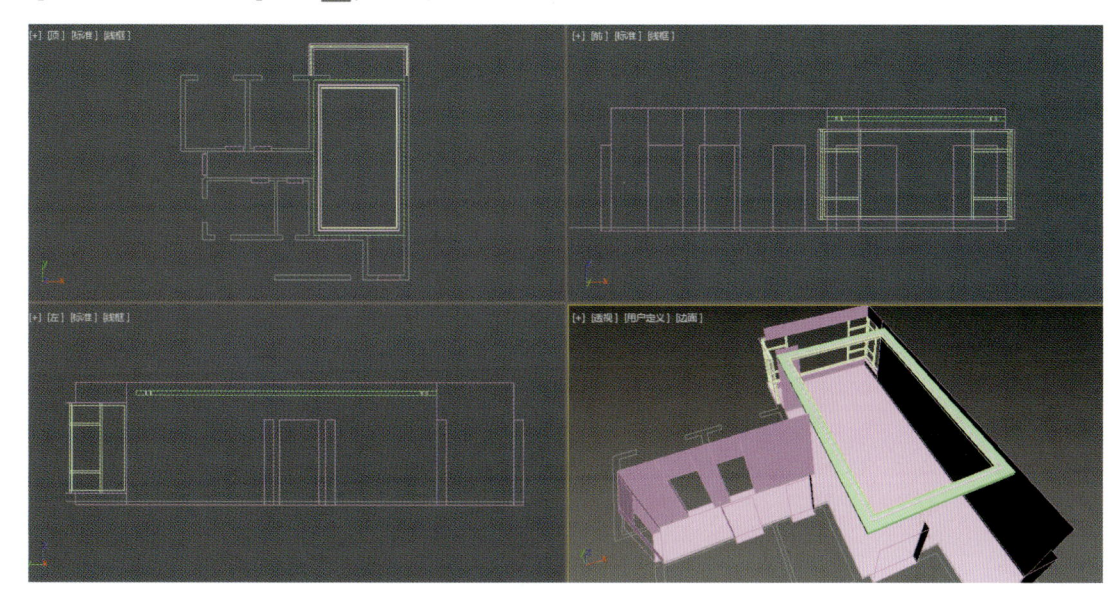

图 9-34　制作装饰条

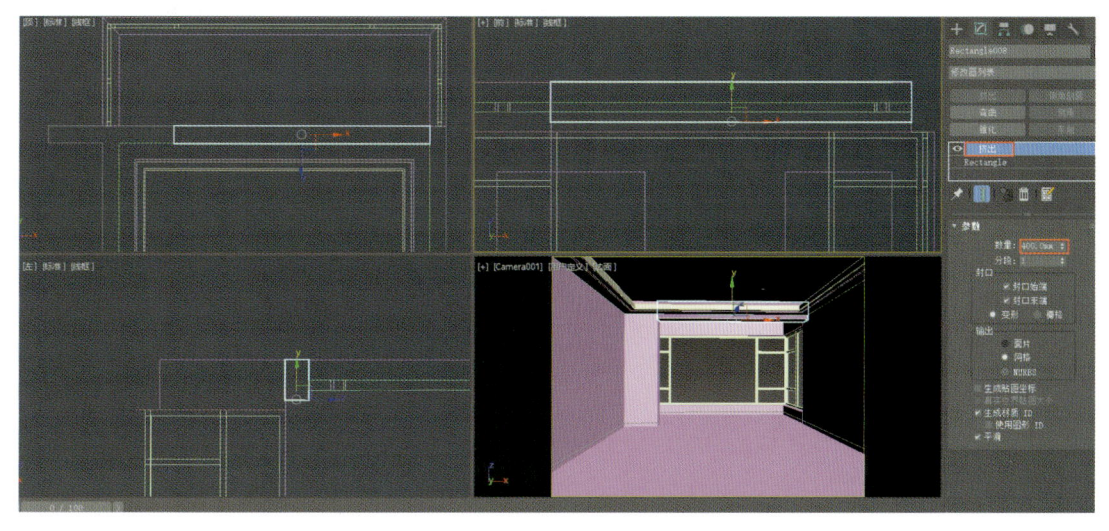

图 9-35　制作客厅垭口处上面的墙

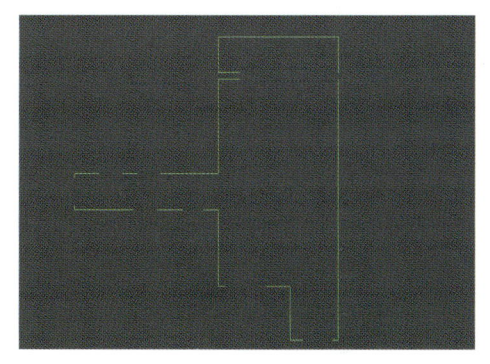

图 9-36　绘制踢脚板部分线条

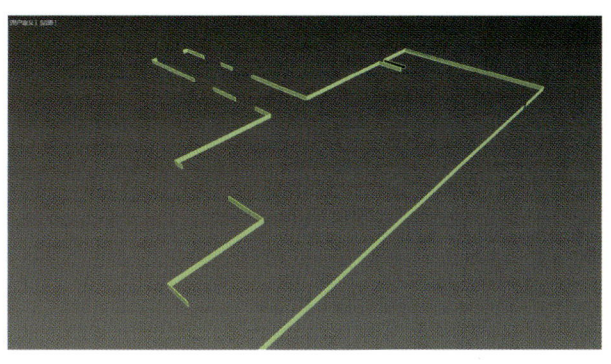

图 9-37　踢脚板完成效果

（10）制作客厅垭口：切换到前视图，单击【直线】按钮，沿着洞口描线，并孤立显示，进入【样条线】层级，执行【轮廓】命令，轮廓值为80，执行【挤出】命令，数量为260。完成效果如图9-38所示。

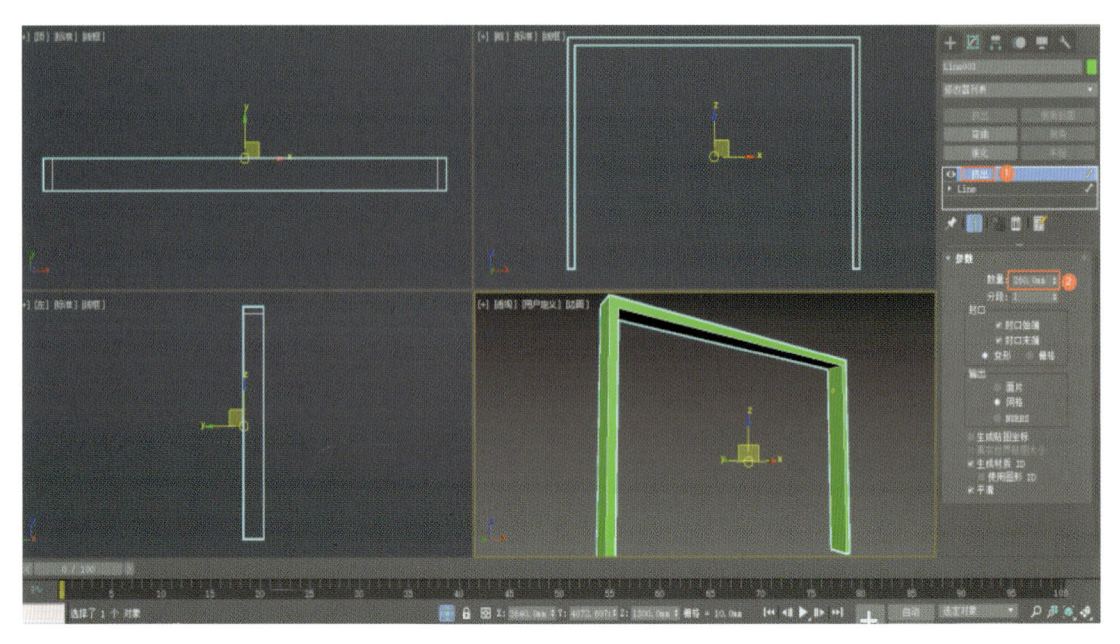

图9-38 制作客厅垭口处门框

（11）在顶视图移动门框到正确位置，注意右面垭口超出墙体，转换为【可编辑多边形】，进入【点】层级，将点移动到室内。完成效果如图9-39所示。

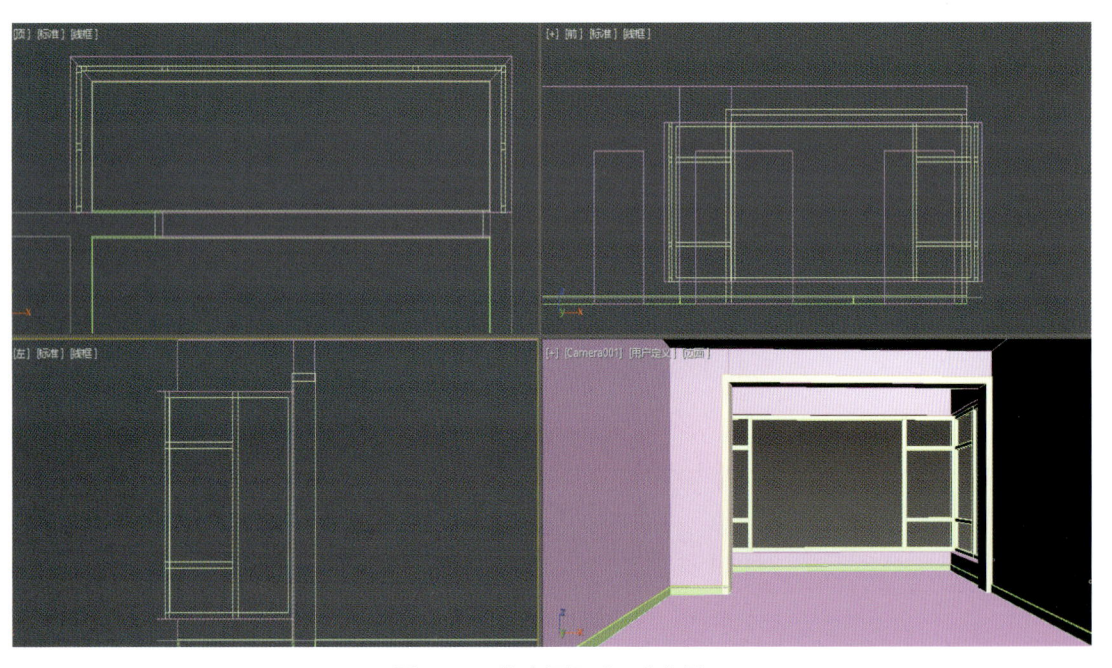

图9-39 移动门框到正确位置

（12）制作电视背景墙：在左视图，单击【平面】按钮，捕捉电视背景墙部分，创建一个平面（如果平面在室内显示为黑色，在前视图单击【镜像】按钮，X轴镜像即可），长度分段数为1，宽度分段数为5，在顶视图对齐墙面，并孤立显示。效果如图9-40所示。

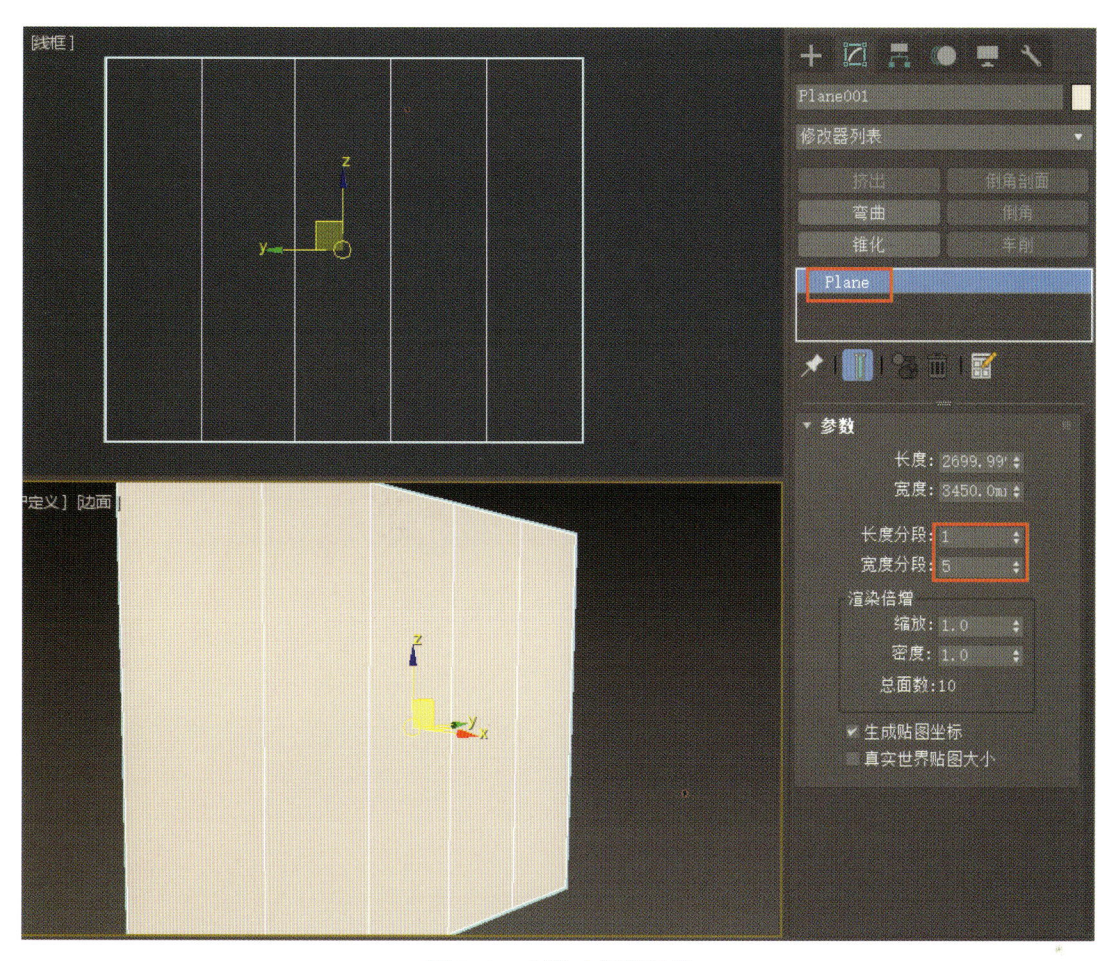

图 9-40 制作电视背景墙

（13）将创建的平面转化为【可编辑多边形】，按【4】键进入【多边形】层级，选择 5 个面，右键快捷菜单中，单击【挤出】按钮，设置挤出高度为 10，对所选的面执行【倒角】命令，倒角参数设置如图 9-41 所示。

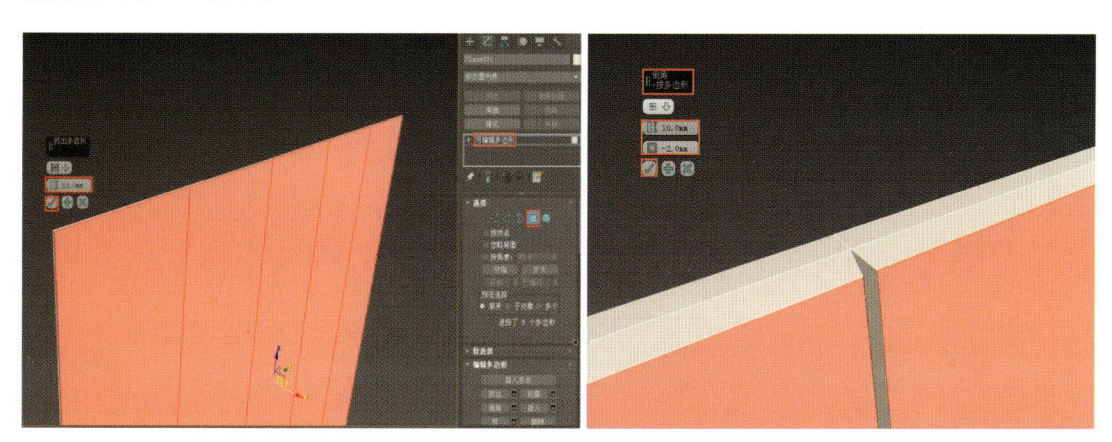

图 9-41 使用【可编辑多边形】命令

（14）按住【Ctrl】键单击【边层级】按钮（此时会自动选择所选面上的线），右键单击【切角】按钮，设置切角参数，如图 9-42 所示。退出孤立状态，在顶视图将背景墙移动到与墙面对齐。

图 9-42 对边执行【切角】命令

任务五 客厅家具模型导入

■ 操作步骤

（1）执行【文件】→【导入】→【合并】命令，将【家具及配饰.max】合并到场景中，操作过程如图 9-43 所示。

（2）在弹出的【合并】对话框中，单击【全部】按钮，取消灯光和摄像机的勾选，如图 9-44 所示。在弹出的【重复材质名称】对话框中，勾选【应用于所有重复情况】，再单击【自动重命名合并材质】按钮，设置如图 9-45 所示，最后单击【是】按钮。

图 9-43 导入模型操作　　　　图 9-44 合并导入设置

项目九　现代客厅效果图项目设计　117

（3）接下来将家具和软装饰品移动到正确的位置，注意要根据人体工程学正确尺寸，检查家具尺寸是否合理。导入的模型及移动后的效果如图9-46所示。

（4）捕捉阳台部分绘制矩形，将其转换为【可编辑样条线】，按【2】键进入【线段】层级，选择右侧的线段，鼠标右键单击移动工具，在【偏移】（相对坐标）中的 X 轴输入 -200，选择上面的线段，单击鼠标右键，在【偏移】（相对坐标）中的 Y 轴输入 -200。这样就留出窗帘的位置。绘制矩形的位置及完成操作后的效果如图9-47所示。

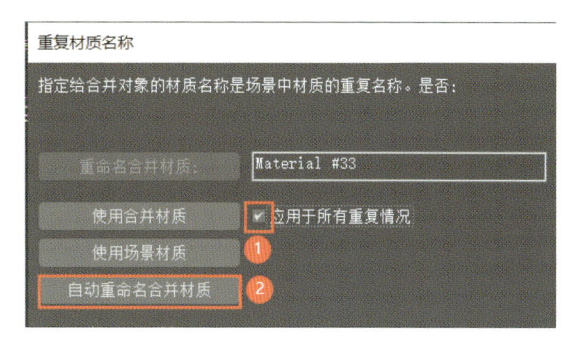

图 9-45　对重复材质重命名

图 9-46　移动模型到正确位置

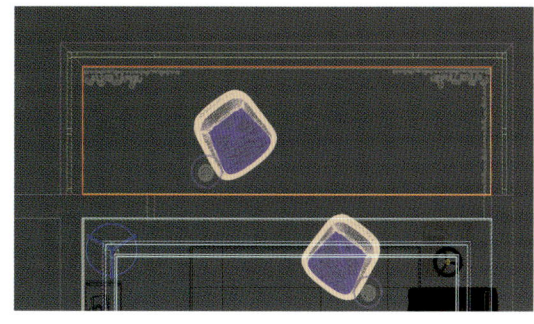

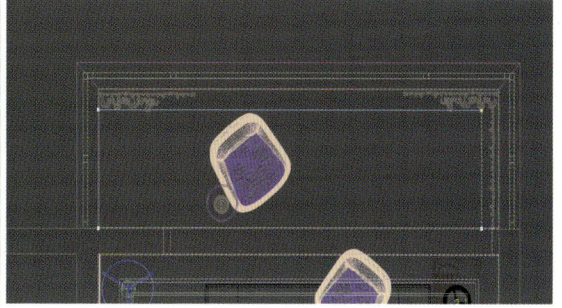

图 9-47　绘制矩形线并编辑

（5）给刚才绘制的线执行【挤出】命令，挤出数量为100，在前视图或左视图移动到上面和其他顶点对齐，完成模型的导入。

任务六　客厅效果图灯光制作

■ 操作步骤

（1）在测试阶段，先设置渲染面板为低值，也可以使用【替换材质】渲染，主要观察场景的灯光是否正确。按【M】键，打开【材质编辑器】对话框，选择一个未使用的材质球，命名为【替换材

微课：灯光制作

质】，将标准材质切换成 VRayMtl（VR 材质），修改为白灰色。按【F10】键，打开【渲染设置】面板，打开【V-Ray】→【全局开关】，将【替换材质】球拖曳到【覆盖材质】右边的按钮上，勾选复选框。设置如图 9-48 所示。

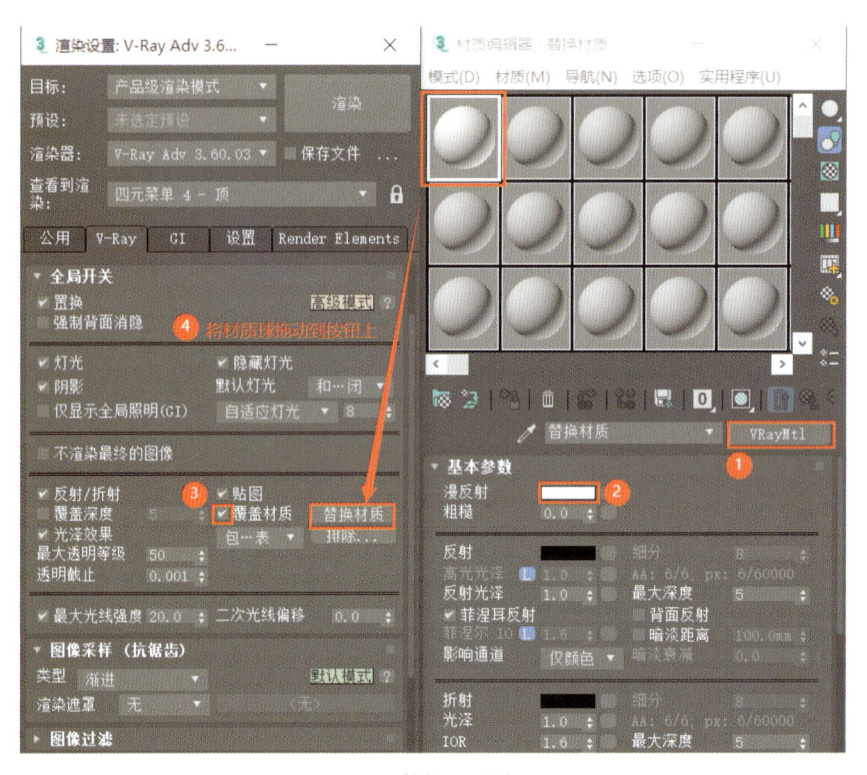

图 9-48　替换材质的设置

（2）继续设置其他参数，设置【图像采样】【间接照明】等其他参数，设置如图 9-49 所示。

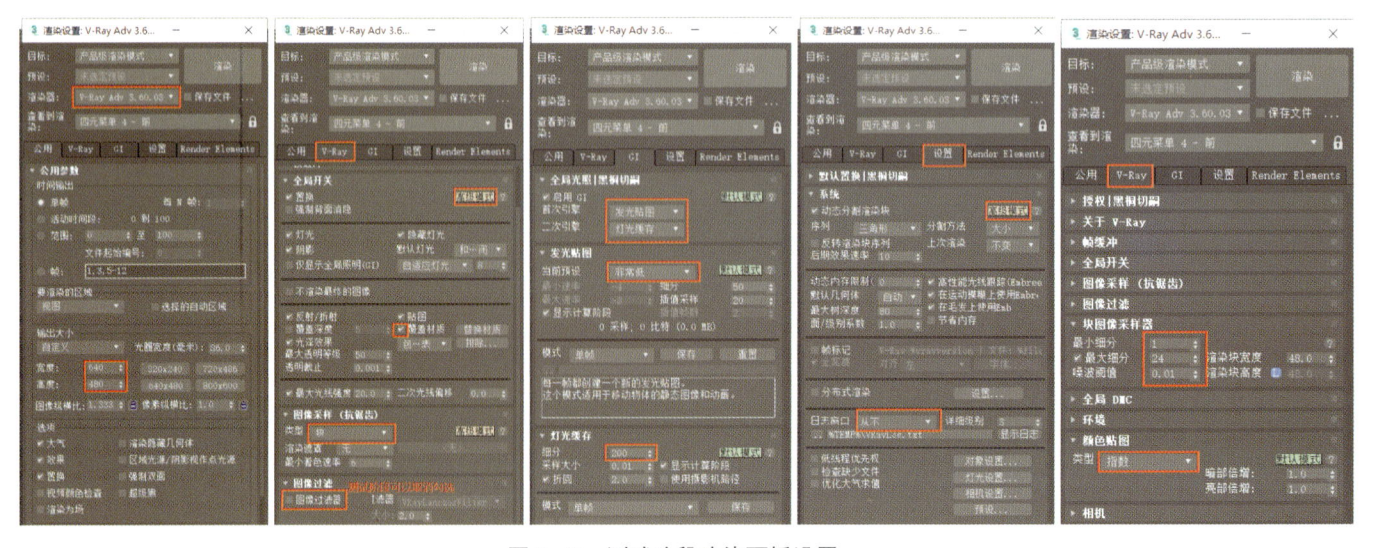

图 9-49　测试阶段渲染面板设置

（3）单击【VRayLight】按钮，在左视图窗户位置绘制一个面光，亮度设置为 6，颜色设置为淡蓝色，勾选【不可见】选项。将 VR 灯光镜像复制到另一面，再旋转复制一个 (使用【复制】的方式)，并调整尺寸与窗户正面大小一致。位置如图 9-50 所示。

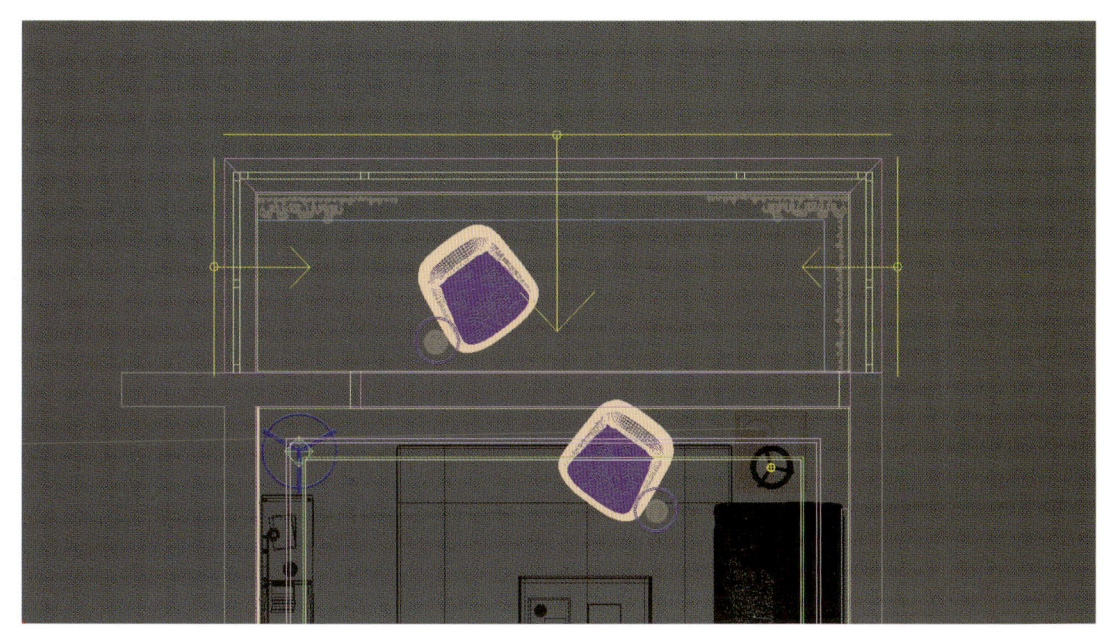

图 9-50 制作 VR 灯光

单击【VRaySun】按钮，在左视图中，从室外向室内拖曳鼠标光标，创建一盏 VR 阳光；在其他视图调整太阳光的照射角度；在【修改】命令面板中修改参数，如图 9-51 所示。

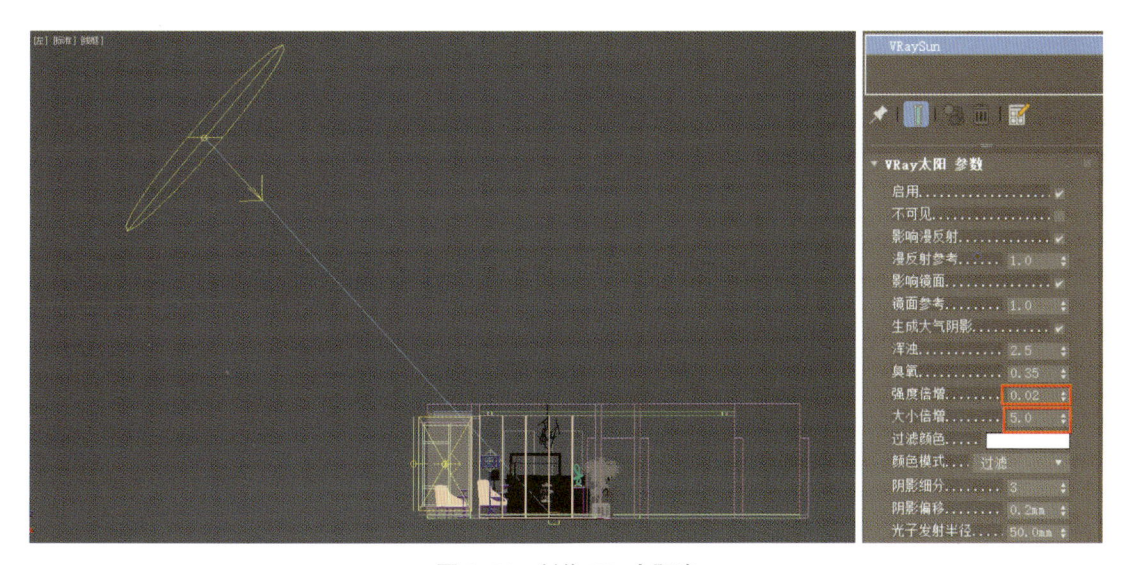

图 9-51 制作 VR 太阳光

（4）装饰灯光：单击【VRayLight】按钮，在顶视图中拖曳一个与灯槽大小一致的面灯，在前视图将 VR 面灯上下镜像，使箭头朝上，移动位置到灯槽位置。在修改面板中，修改 VR 灯光的参数，【强度倍增】值改为 8，勾选【不可见】，颜色设置为暖色，如图 9-52 所示。

（5）接下来在顶视图按【Shift】键将灯带复制到另一面，再旋转复制到另外两个灯槽，如图 9-53 所示。

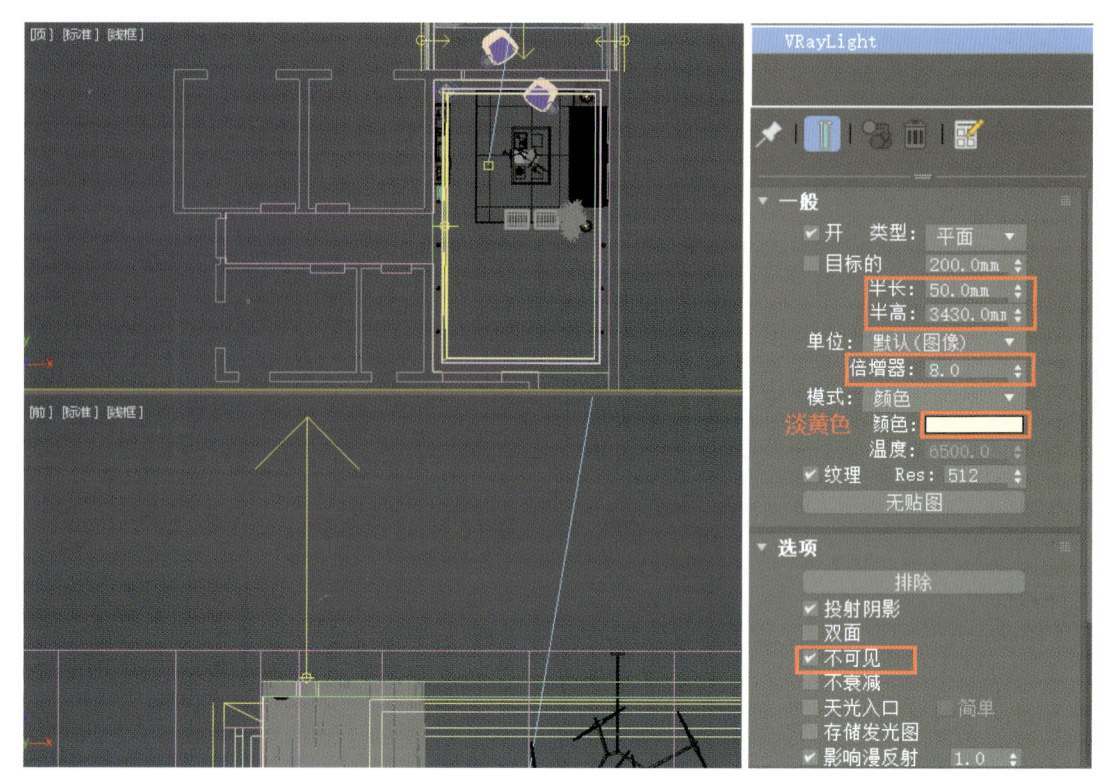

图 9-52 使用【VRayLight】制作灯带

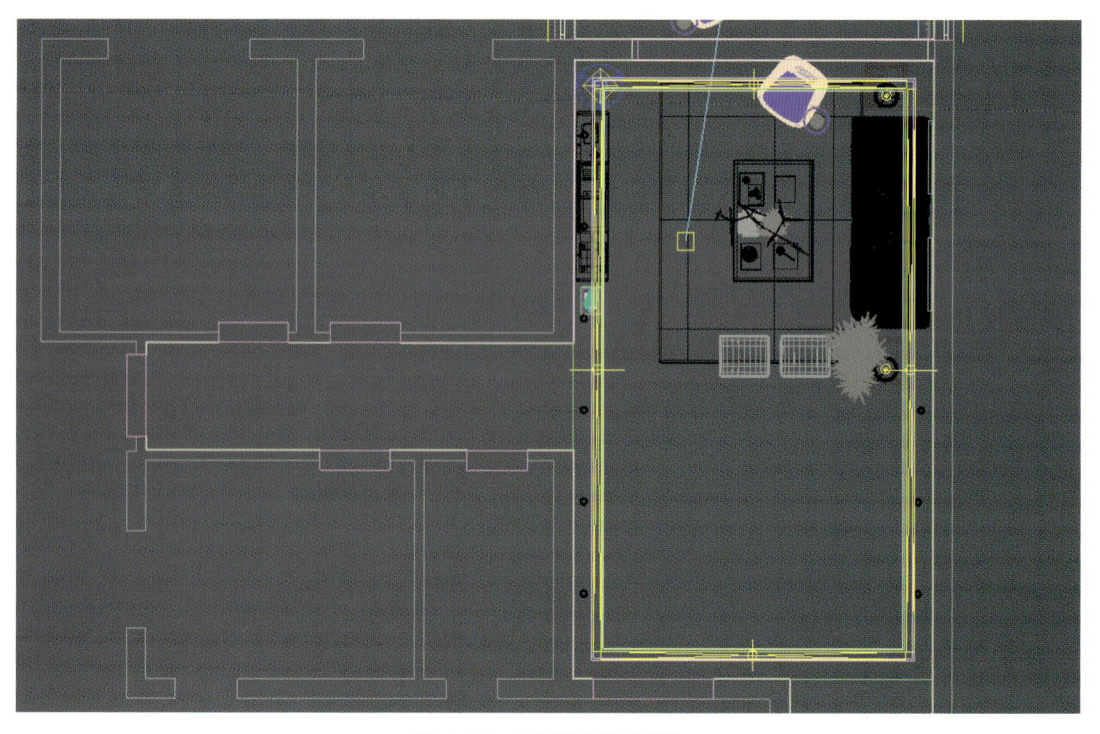

图 9-53 复制出所有灯带

（6）制作筒灯：单击【创建】→【灯光】按钮，在列表中选择【光度学】，单击【目标灯光】按钮，在前视图拖曳。然后在【修改】命令面板中选择【常规参数】→【阴影】，勾选【启用】复选框，在下拉列表中选择【VRayShadow】。在【灯光分布】卷展栏中，单击【选择光度学文件】按钮，添加光域网文件【普通筒灯.IES】。可以将灯光颜色设为橘黄色，强度改为 1 000。最后在顶视图框选创建的筒灯，移动到筒灯模型位置，并进行实例复制，灯光设置完成效果如图 9-54 所示。

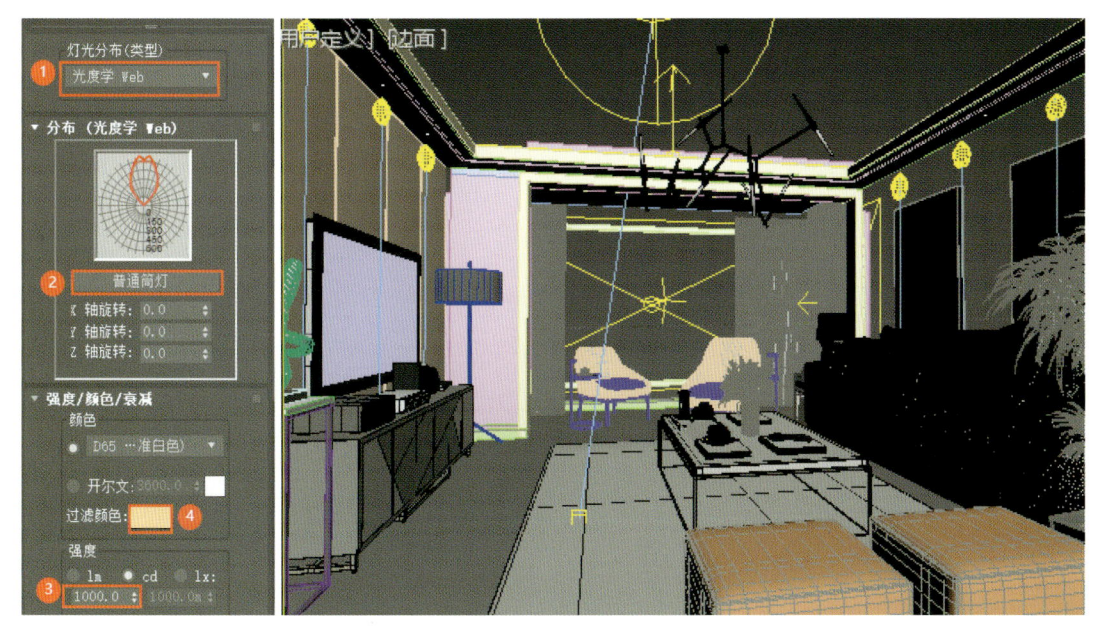

图 9-54 光度学灯光制作筒灯

台灯、落地灯的制作方法可以使用【VRayLight】球形灯，也可以使用光度学，加载台灯光域网。本实例讲解【VRayLight】球形灯的制作方法。

（7）制作落地灯：单击【灯光】→【VRayLight】按钮，在顶视图落地灯的位置创建 1 盏 VR 灯，修改为球形灯，按【L】键切换到左视图，移动到台灯灯罩位置。勾选【阴影】下【启动】复选框，颜色修改为暖黄色，半径为 80（软件翻译为"开始" 开始:80.0m ）。然后将球形灯复制到另外一边。球形灯的位置与参数设置如图 9-55 所示（图片为孤立台灯后的显示效果）。

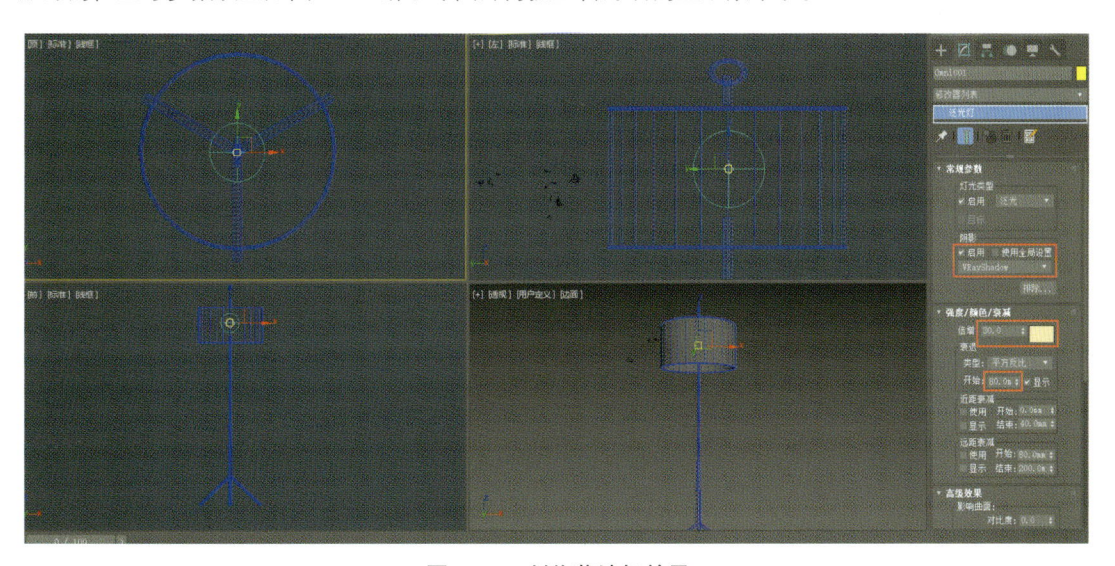

图 9-55 制作落地灯效果

（8）退出孤立显示，按【Shift】+【Q】键快速渲染，观看渲染效果，主要观察灯光是否合理。效果图如图 9-56 所示。

图 9-56 打完灯光后使用替代材质渲染效果

任务七　客厅效果图材质调整

■ 操作步骤

（1）制作白色乳胶漆：按【M】键，打开【材质编辑器】对话框，选择一个未被使用的材质球，命名为【白色乳胶漆】，然后单击【标准】按钮，在弹出的对话框中选择【VRayMtl】材质。将【漫反射】的颜色调整为白色（注意不要设置为纯白，接近白色即可。红、绿、蓝颜色值可以为225，225，225），然后拖曳"白色乳胶漆"材质到场景中的墙面和吊顶。

（2）制作地砖：按【M】键，打开【材质编辑器】对话框，选择一个未被使用的材质球，命名为【地砖】，然后单击【标准】按钮，在弹出的对话框中选择【VRayMtl】材质。首先在【漫反射】贴图通道添加名为【地砖.jpg】的地砖贴图。反射颜色设置为55、55、55，保持【菲涅耳反射】的勾选状态，单击【高光光泽】右边的按钮，输入 0.85，【反射光泽度】为 0.9。在【贴图】卷展栏中，将【漫反射】通道拖动到【凹凸】通道进行实例复制，【凹凸】通道的值可以修改为 40。设置参数如图 9-57 所示。

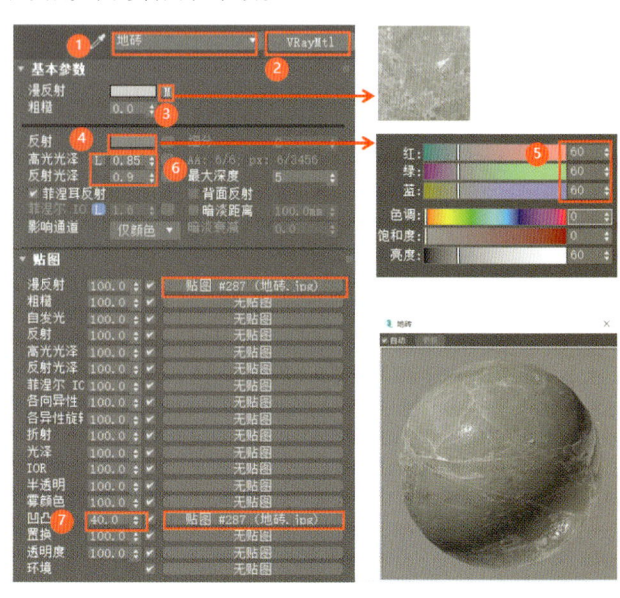

图 9-57 地砖材质调整

（3）赋予材质前，可以将地面分离出来，选择墙体，按【4】键进入【多边形】层级，选择地面，然后单击【修改】命令面板中【分离】按钮，在弹出的对话框中，将分离后的对象命名为【地面】，最后单击【确定】按钮。退出【面】层级，将分离后的地面孤立显示。效果如图 9-58 所示。

图 9-58 将地面孤立显示

（4）选择地面模型，单击【赋予材质】按钮，将地砖材质赋予场景中的地面，此时地面没有显示纹理。单击【修改】命令列表，选择【UVWMap】贴图，在【修改】命令面板中，参数设置如图 9-59 所示。最后单击【状态栏】按钮（孤立当前选择切换）退出孤立显示。

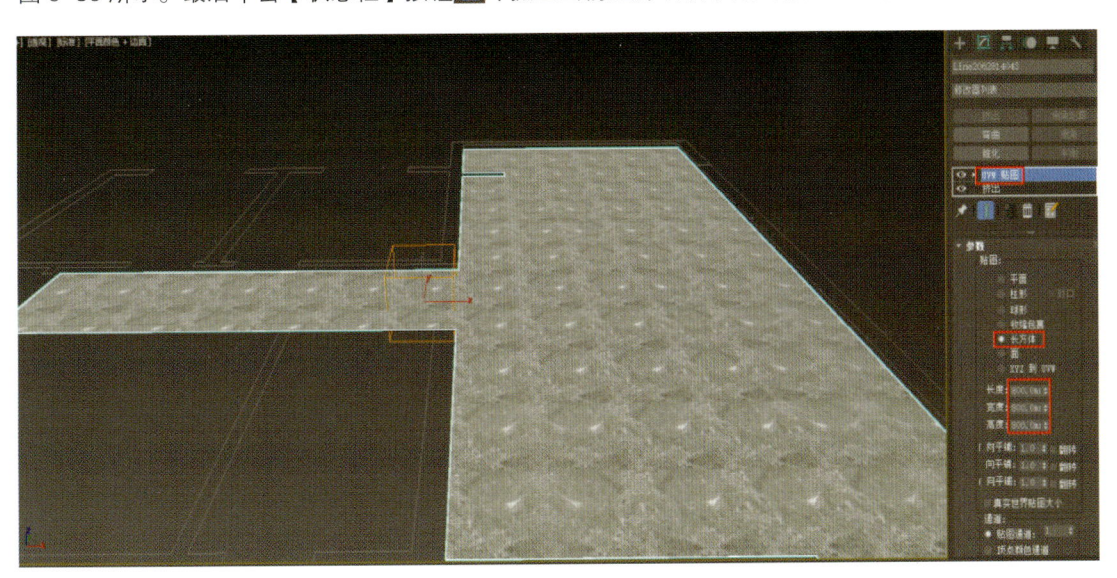

图 9-59 使用【UVWMap】调整地砖材质

（5）制作电视背景墙材质：在【材质编辑器】中选择一个未使用的材质球，命名为【电视背景墙】，并更改为【VRayMtl】材质。给【漫反射】通道添加【墙布.jpg】贴图，到【贴图】卷展栏，将【漫反射】通道拖曳到【凹凸】通道按钮上进行实例复制，修改凹凸值为50，然后将材质赋予场景中的电视背景墙。材质设置如图 9-60 所示。

图 9-60　电视背景墙材质调整

（6）选择背景墙（可以按【Alt】+【Q】键孤立显示背景墙），给背景墙添加【UVWMap】贴图，在创建命令面板中点选【长方体】复选项，长度、宽度、高度均为 400。这时电视背景墙纹理显示正确，如图 9-61 所示。

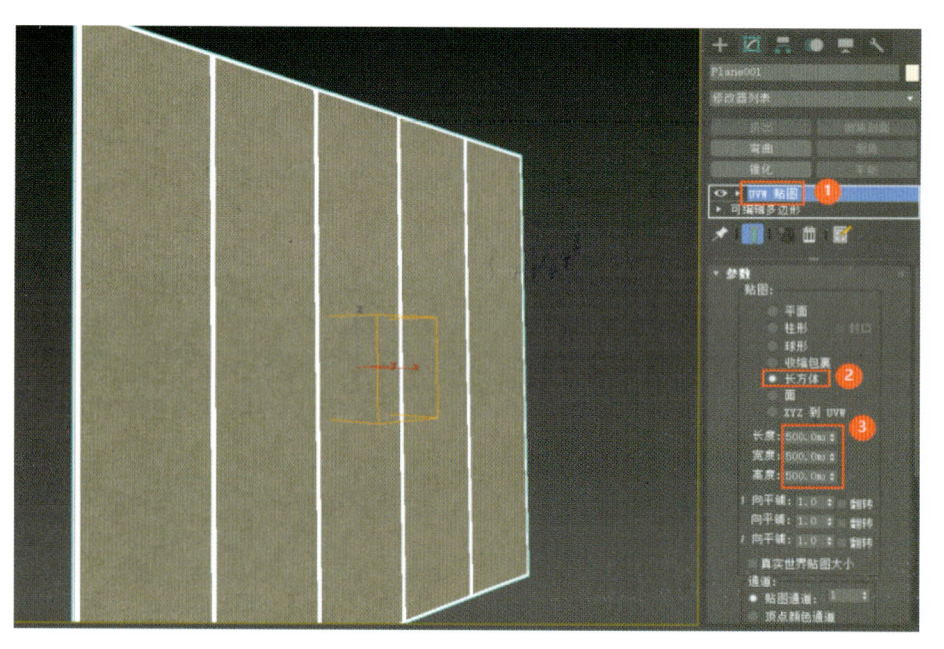

图 9-61　使用【UVWMap】调整电视背景墙材质

（7）制作黑色金属材质：选择一个未被使用的材质球，并更改为【VRayMtl】材质，命名为【黑色金属】，将漫反射颜色改色黑色（注意颜色不要调到纯黑），将反射颜色条移动到深灰色（建议将红、绿、蓝颜色值调整为 50，50，50），高光光泽为 0.85，反射光泽可以是默认的 1，也可以是 0.95。最后取消勾选【菲涅耳反射】复选框。设置参数如图 9-62 所示。将材质分别赋予吊顶中的金属条及垭口。

（8）沙发背景墙墙纸：方法与电视背景墙材质的调整方法相同，添加贴图并复制到【凹凸】通道即可，如图 9-63、图 9-64 所示。

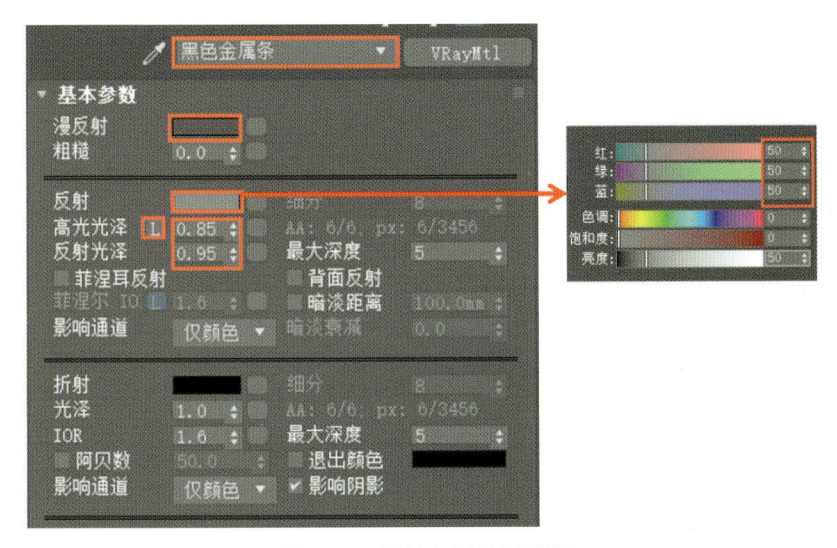

图 9-62 黑色金属材质调整

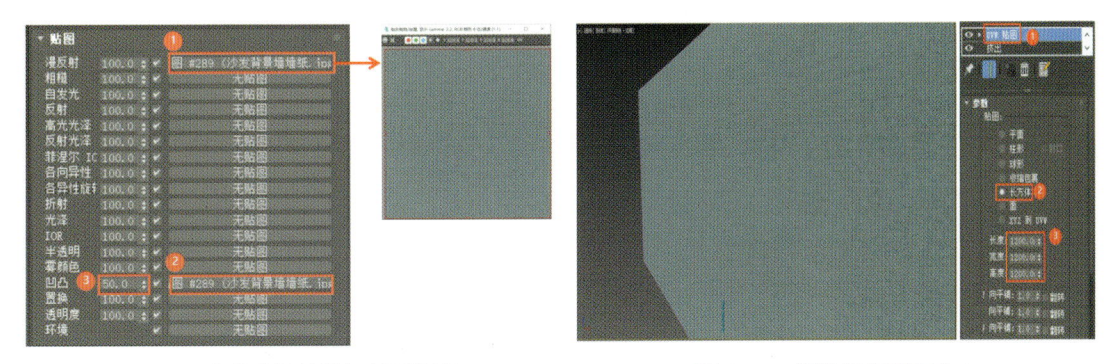

图 9-63 沙发背景墙墙纸材质调整

图 9-64 调整墙纸贴图大小

（9）制作电视屏：选择一个未使用材质球，命名为【电视屏】，并更改为 VRay 中的【灯光材质】，单击【颜色】右边的贴图按钮，添加一张【电视屏 .jpg】的位图，勾选【背面发光】复选框，并将材质赋予场景中的电视屏。设置如图 9-65 所示。

图 9-65 电视屏幕材质设置

（10）制作窗外风景：首先制作一个风景板，单击【创建】→【图形】→【弧】按钮，在顶视图客厅窗户处单击并拖曳鼠标光标，大小略大于窗户即可。然后执行【挤出】命令，数量为 4 000，如图 9-66 所示。

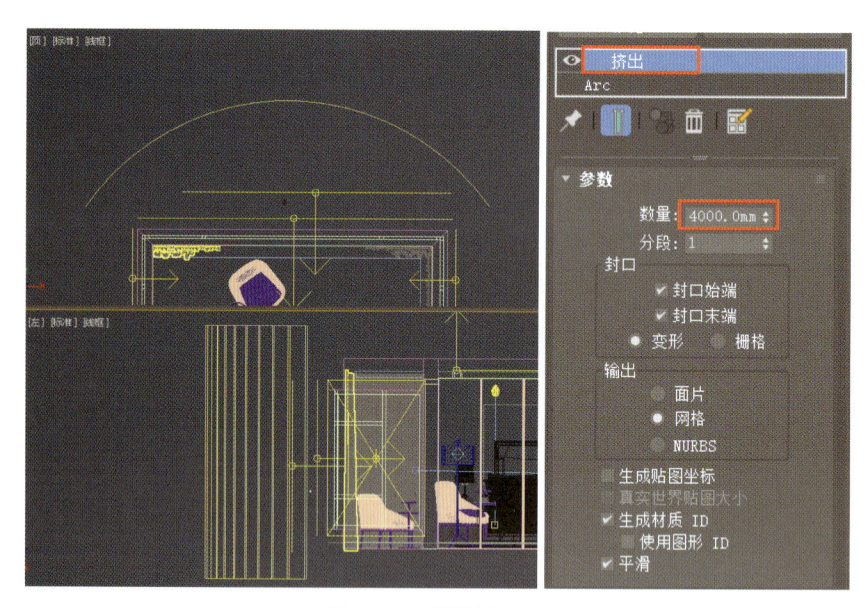

图 9-66 风景板制作

（11）选择一个未使用材质球，命名为【窗外风景】，并更改为 VRay 的【灯光材质】，单击【颜色】右边的贴图按钮，添加一张【风景 .jpg】的位图，勾选【背面发光】复选框，再单击颜色块，将颜色调整至深灰色。设置如图 9-67 所示。最后将材质赋予场景中的风景板。给风景板添加【UVWMap】贴图，选择【长方体】选择项，孤立显示，完成效果如图 9-68 所示。

图 9-67 风景板材质制作

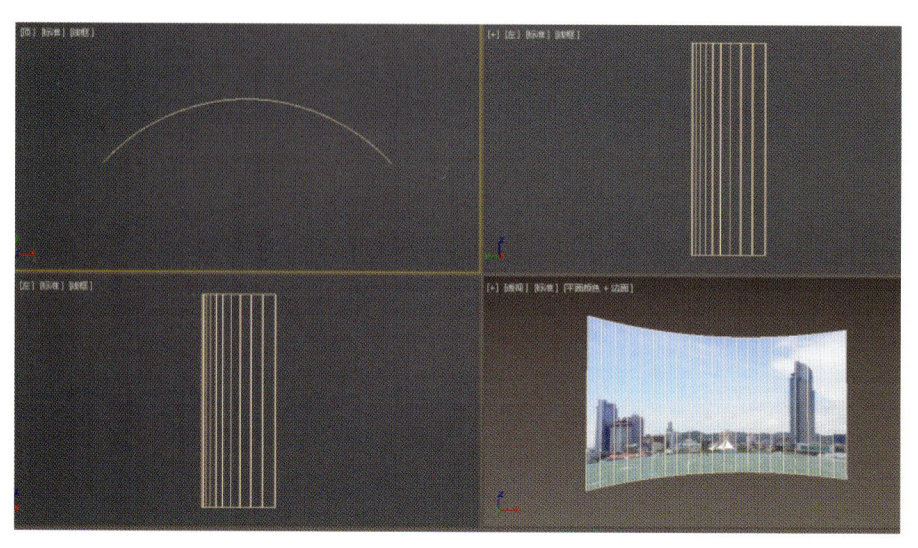

图 9-68 风景板完成效果

任务八　客厅效果图渲染

■ 操作步骤

（1）按【F10】键，在打开的【渲染设置】对话框中，在【公用】选项卡的输出大小中设置尺寸为 2 000×1 127。

（2）【V-Ray】选项卡的【全局开关】中，取消勾选【覆盖材质】复选框。【图像采样】中的类型选择【块】。勾选【过滤器】复选框，在过滤器列表中选择【Catmull-Rom】，在对应的【块图像采样器】卷展栏，【最大细分值】可以设置为 24（也可以为 50，但是数值越高速度越慢，请根据计算机配置设置适当的数值。），【噪波阈值】设置为 0.002。【全局 DMC】中，勾选【使用局部细分】，就可以把主要材质的细分值适当提高，没有勾选则材质的细分值不可更改（如果对图片质量要求不高，可以不勾选，细分值保持默认）。【颜色贴图】的类型可以选择【指数】。全局 DMC 设置及材质细分值的修改如图 9-69 所示。

图 9-69　全局 DMC 设置

（3）【GI】【设置】等选项卡的设置如图 9-70 所示。

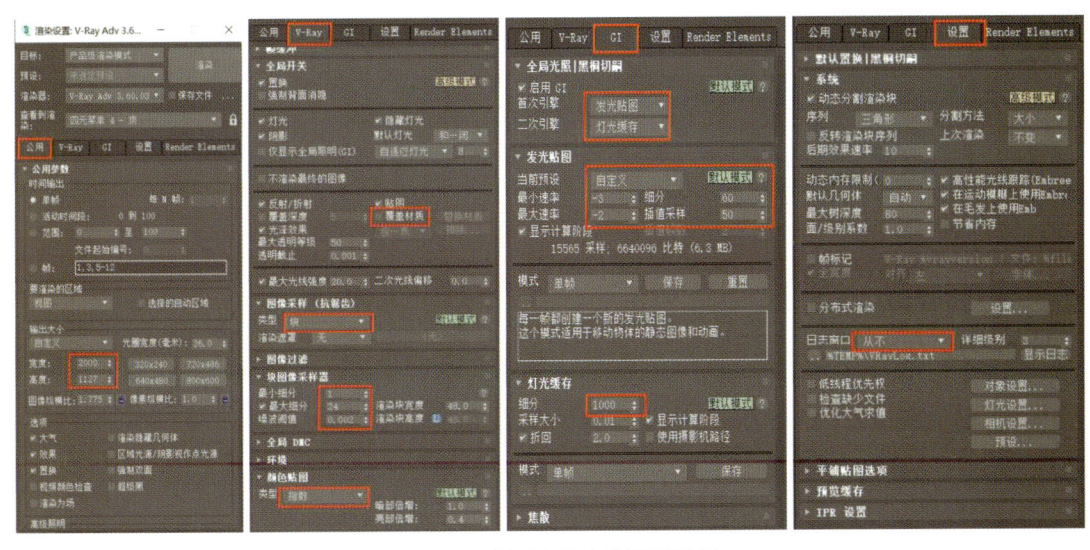

图 9-70　出图阶段渲染面板设置

（4）单击【渲染】按钮，渲染图片，渲染效果如图 9-71 所示。

图 9-71 最终渲染结果

素质提升

通过观看典型案例1，加深对中式风格室内设计的认识，提高民族自信心，能够传承传统、创新传统。

通过观看典型案例2，注重发挥材料在空间中的作用，了解相关标准，坚持健康的设计理念，满足人们对美好生活空间的向往。

微课：典型案例1——传统与创新

微课：典型案例2——健康中国与室内设计

评价、巩固与拓展

[阶段测试 二维码]

[学习评价 二维码]

[PPT：大师风采——高文安 二维码]

[PPT：大师风采——梁志天 二维码]

[PPT：大师风采——凌宗湧 二维码]

参考文献 REFERENCES

［1］毛璞，王倩雯，罗琼. 3ds Max 2018/VRay 室内效果图制作从新手到高手 [M]. 北京：中国青年出版社，2019.
［2］王玉梅，张波. 3ds Max +VRay 效果图制作从入门到精通 [M]. 北京：人民邮电出版社，2010.
［3］伍福军. 3ds Max 2016&VRay 室内设计案例教程 [M]. 3 版. 北京：北京大学出版社，2019.
［4］叶红，肖友民. 3ds Max 室内效果图设计 [M]. 北京：人民邮电出版社，2023.
［5］黄诚. 3ds Max 效果图案例解析 [M]. 沈阳：辽宁美术出版社，2020.
［6］麓山文化. VRay 效果图渲染从入门到精通 [M]. 北京：机械工业出版社，2018.
［7］来阳. 3ds Max+VRay 效果图制作从新手到高手 [M]. 北京：清华大学出版社，2021.
［8］［美］克里斯·格莱姆雷，凯利·哈里斯·史密斯. 室内设计师必知的100条原则 [M]. 潘姗姗，译. 南京：江苏凤凰科学技术出版社，2023.
［9］理想·宅. 室内设计数据手册：空间与尺度 [M]. 北京：化学工业出版社，2019.
［10］理想·宅. 室内设计数据手册：照明设计与灯具参数 [M]. 北京：化学工业出版社，2021.
［11］高钰. 室内设计风格图文速查 [M]. 北京：机械工业出版社，2010.
［12］霍康，林绮芬. 布艺搭配分析 [M]. 南京：江苏凤凰美术出版社，2022.